国家林业和草

全国生态

主 编 袁明霞 丁 琼

Landscape Planning and Design

活页式教材

园林规划设计

（第2版）

图书在版编目（CIP）数据

园林规划设计 / 袁明霞，丁琼主编. -- 2版.
北京 : 中国林业出版社，2025. 8.
ISBN 978-7-5219-3382-6
Ⅰ. TU986

中国国家版本馆CIP数据核字第2025BW1593号

课程信息

国家林业和草原局职业教育"十四五"规划教材
全国生态文明信息化遴选融合出版项目
江苏省高等学校重点教材（编号：2020-2-279）

策划编辑：吴 卉 张 佳
责任编辑：张 佳 吴 卉
电　　话：010-83143561
邮　　箱：books@theways.cn
网　　址：https://www.cfph.net

出版发行：中国林业出版社
邮　　编：100009
地　　址：北京市西城区德内大街刘海胡同7号
印　　刷：河北京平诚乾印刷有限公司
版　　次：2025年8月第2版
　　　　　2022年6月第1版
印　　次：2025年8月第1次印刷
字　　数：280 千字
开　　本：787 mm×1092 mm　1/16
印　　张：17.75
定　　价：55.00元

编写人员

主　编：
袁明霞（江苏农林职业技术学院）
丁　琼（江苏农林职业技术学院）

副主编（以姓氏笔画为序）：
马　涛（江苏农林职业技术学院）
罗　璇（江苏农林职业技术学院）
周晓春（江苏农林职业技术学院）
韩　钰（江苏农林职业技术学院）

编　者（以姓氏笔画为序）：
丁　琼（江苏农林职业技术学院）
马　涛（江苏农林职业技术学院）
方大凤（杨凌职业技术学院）
许　娟（安徽林业职业技术学院）
李　珂（中天华宇工程设计有限公司）
李建勇（中天华宇工程设计有限公司）
罗　璇（江苏农林职业技术学院）
周晓春（江苏农林职业技术学院）
胡冰寒（重庆工程学院）
袁明霞（江苏农林职业技术学院）
章志琴（无锡城市职业技术学院）
韩　钰（江苏农林职业技术学院）

审　稿：
王永平（江苏农林职业技术学院）

前言

《国家职业教育改革实施方案》明确要求职业教育教学改革坚持知行合一、工学结合，倡导采用新型活页式、工作手册式教材并配套信息化资源，同时强调专业教材需随信息技术发展与产业升级动态更新。

《园林规划设计》（第1版）自2021年出版以来，以园林设计岗位能力培养为核心，依托句容市华阳南路南延段道路绿地设计、浦溪花园居住区绿地设计等6个企业真实项目，按“项目—工作任务—职业能力”三级结构组织内容，已被全国多所职业院校师生采用。在教学实践中，“81项职业能力”模块显著提升了学习精准度，活页式设计便于补充行业新规范案例；同时，院校反馈建议深化数字化资源建设并增补生态低碳设计等前沿技术内容。

在此基础上，《园林规划设计》（第2版）重点完成以下优化：

技术标准同步：更新《城市道路绿化设计标准》（CJJ/T 75-2023）等规范，增补海绵城市、生物多样性保护等产业新要求；

数字资源强化：新增AR景观模型库、设计流程模拟动画等信息化资源，适配混合式教学；

思政载体优化：在美丽乡村、湿地公园项目中融入生态伦理、文化传承等思政案例。

教材持续以职业能力为最小单元构建“知识储备—方案迭代—成果表达”学习闭环，严格对接《景观设计师》（三级）国家职业标准。编写团队联合中天华宇工程设计有限公司等企业重组6大项目任务书，确保设计流程与企业当前工作场景一致。

本版教材深化三大特色：

1. 职业能力体系动态化

以企业真实项目驱动训练，模块内容随产业技术升级持续更新，新增活页式“技术更新插页”便于替换过时工艺。

2. 理实一体化成果导向

完善“学习检测单”企业专家评分维度，配套虚拟设计工坊平台支持在线协作汇报。

3. 课程思政深度融合

在项目中嵌入工匠精神、生态责任与创新意识培养，新增“乡村绿地文化保护”“湿地修复伦理辨析”等教学案例。

本版由袁明霞、丁琼任主编，马涛、韩钰等原团队修订。特别感谢中天华宇工程设计有限公司提供的技术案例库，同时向反馈建议的院校师生致谢。限于编者水平，疏漏之处恳请指正，我们将通过教材官网（https://www.cfph.net）持续更新。

编　者

2025 年 8 月

目录

1 项目一

城市道路绿地设计

一路一景，路路有景，
人与自然和谐共生

【学习目标】

1. 知识目标

（1）能解释城市道路绿地设计专用术语；
（2）能阐述城市道路横断面布置形式及其绿地类型；
（3）能阐述各类道路绿地的设计要点；
（4）能阐述道路绿地标段设计要点；
（5）能阐述道路绿地施工图设计要点。

2. 能力目标

（1）能进行道路路况、基地现状的分析和测绘；
（2）能结合当地的人文特色，确定道路绿地设计的主题及思路；
（3）能遵循生态优先、低碳经济和海绵城市理念进行城市道路绿地方案设计；
（4）能绘制道路节点、岛头与标段设计图；
（5）能根据设计方案绘制道路绿地种植施工图；
（6）能根据设计方案绘制道路绿化浇洒平面布置图；
（7）能根据道路现场施工需要变更设计图纸。

3. 素养目标

（1）能按照制图规范标准制图；
（2）能遵守国家和地方关于城市道路绿地设计的相关规范；
（3）具备勤于思考、善于动手、勇于创新的精神；
（4）具有团队合作精神。

工作任务 1.1 城市道路场地前期分析

职业能力 1 路况资料记录与分析

【核心概念】

路况资料：道路周边环境、建筑风格、基地尺寸、排水、管线、土质、水质检测、现场植被图示、现场地面设施图示、气候条件等资料。

路况资料记录与分析：在方案设计前进行的道路路况、基地现状的分析和测绘，形成图纸和分析文字，方便设计师随时查阅和比照。

【相关知识】

一、城市道路绿地设计专业术语

（1）道路红线：城市道路（包括居住区级道路）用地的边界线，就是道路线内已开了机动车道、非机动车道。道路红线总是成对出现，两条道路红线之间的用地为城市道路用地。

（2）用地红线：各类建筑工程项目用地使用权属范围的分界线。

（3）建筑红线：城市道路两侧控制沿街建筑物（如外墙、台阶等）靠临街面的界线。又称建筑控制线。 建筑红线可与道路红线重合，也可退于道路红线之后，但绝不允许超越道路红线，在红线内不允许建任何永久性建筑。

（4）道路分级：道路分级的主要依据是道路的位置、作用和性质，是决定道路宽度和线形设计的主要指标。目前我国城市道路大多按三级划分：主干道（全市性干道）、次干道（区域性干道）、支路（居住区或街坊道路）。

（5）道路总宽度：也叫路幅宽度，即规划建筑线（建筑红线）之间的宽度，是道路用地范围包括横断面各组成部分用地的总称。

双车道，机非混行，对向车可借道行驶，路幅宽度 18~20m，适合支路。

双向四车道，机非混行，路幅宽度 35~40m，适合于大城市次干道、中等城市主干道及小城市干道。

（6）分车带：车行道上纵向分隔行驶车辆的设施，用以限定行车速度和车辆分行。常高出路面 10cm 以上。也有在路面上漆涂纵向白色标线，分隔行驶车辆，所以又称分车线。

（7）交通岛：为便于管理交通而设于路面上的一种岛状设施。

①中心岛（又叫转盘）：设置在交叉路口中心引导行车；

②方向岛：路口上分隔进出行车方向；

③安全岛：宽敞街道中供行人避车处。

（8）人行道绿化带：又称步行道绿化带，是车行道与人行道之间的绿化带。人行道如果有 2~6m 的宽度，就可以种植乔木、灌木、绿篱等。行道树是人行道绿化带最简单的形式，按一定距离沿车行道成行栽植树木。

（9）防护绿带：将人行道与建筑分隔开的绿带。防护绿带应有 5m 以上的宽度，可种乔木、灌木、绿篱等，主要减少噪声、烟尘、日晒以及有害气体对环境的危害。路幅宽度较小的道路不设防护绿带。

（10）基础绿带：是紧靠建筑的一条较窄的绿带，宽度为 2~5m，可栽植绿篱、花灌木，分隔行人与建筑，减少外界对建筑内部的干扰，美化建筑环境。

（11）园林景观路：在城市重点路段，强调沿线绿化景观，体现城市风貌、绿化特色的道路。

（12）装饰绿地：以装点、美化街景为主，不让行人进入绿地。

（13）开放式绿地：绿地中铺设游步道、设置坐凳等，供行人进入游览休息的绿地。

（14）安全视距：安全视距是行车司机发觉对方来车、立即刹车恰好能停车的视距。根据两条相交道路的两个最短视距，可在交叉平面图上绘出一个三角形，称为视距三角形。

二、城市道路绿地布置形式

在城市道路中常用隔离绿带的形式，组织城市交通，保证行车速度和交通安全，将道路横断面分成不同的类型。城市道路绿地断面布置形式是规划设计所用的主要模式，常用的有：一板二带式、二板三带式、三板四带式、四板五带式及其他形式。

1. 一板二带式

不设分隔带的道路，为普通类型，是一种混合交通形式，即机动车与非机动车在一条道路上进行。绿化是在人行便道上以行道树形式种植。这种形式简单整齐，用地经济，管理方便。但当车行道过宽时行道树的遮阴效果较差，不利于机动车辆与非机动车辆混合形式的交通管理，所以这种形式适用于路幅窄、占地困难或拆迁量大的旧城区。

2. 二板三带式

设置分隔带的道路，道路被中央分车带分成两块路面，形成上下行的对向车流，在中央分车带上进行绿化，并在道路两侧布置行道树构成三条绿带。这种形式适于宽阔道路，绿带数量较大，生态效益较显著，常应用于交通量比较均匀的高速公路以及郊区快速车道。

3. 三板四带式

设置机动车和非机动车分隔带的道路，即机动车道与非机动车道用分车道隔开，机动车道在中间，非机动车道在两边，连同两侧的行道树共为四条绿带。这种形式占地面积大，但绿化量大，夏季遮阴效果好，组织交通方便，安全可靠，有利于提高车速和保障交通安全，是城市道路绿地较理想的形式。

4. 四板五带式

利用三条分隔带将车道分为四条，这样就形成五条绿化带，以便各种车辆上行、下行互不干扰，利于限定车速和交通安全。如果道路面积不宜布置五带则可用栏杆分隔，以节省用地。

5. 其他形式

按道路所处地理位置，环境条件特点，因地制宜地设置绿带，如山坡、水道等的绿化设计。

相关图片

【案例教学】

江苏省句容市华阳南路南延段道路场地前期分析

【活动设计】

1. 场所：句容市华阳南路南延段道路场地
2. 工具：测量工具、铅笔、速记本、相机（手机）
3. 活动实施

表 1-1《路况资料记录与分析》活动实施表

序号	步骤	操作及说明
1	测绘基地现状	运用测绘工具对基地地形进行测绘，形成基地现状测绘图。说明：现状图的底图绘制应简洁易懂、尺寸测量应精准设计、红线范围应明确。
2	分析路况	分析设计范围内的道路交叉口和周边环境对道路绿地的影响。
3	分析基地现状	对基地现状（周边环境、建筑风格、基地尺寸、排水、管线、土质、水质检测、现场植被图示、现场地面设施图示、气候条件等）进行测量和记录。 对存在的问题进行分析。

工作任务 1.2 道路绿地方案构思与推敲

职业能力 2　相关案例的搜集与整理

【核心概念】

相关案例的搜集与整理：在方案设计前进行的相关道路绿地优秀案例搜集，通过对典型案例的剖析，以期对接下来的本案设计提供思路和帮助。

【相关知识】

一、优秀案例搜集的方法

（1）实地调研各类道路绿地；
（2）通过网络搜集各类道路绿地资料，包括知名设计网站、知网等；
（3）借阅或购买各类有关的文件、报纸、杂志、图书等；
（4）公司设计案例集。

二、网络搜索案例的技巧

（1）准确的关键词；
（2）放弃广告的点击：前方通常有广告的信息；
（3）尽量使用百度快照——节约时间；
（4）搜索到的案例集锦，存下来备用；
（5）优先百度文库——相对优质内容；
（6）搜索需要持之以恒。

【案例教学】

江苏省常州市溧阳天目湖大道绿地设计

【活动设计】

1. 场所：图书馆等
2. 工具：铅笔、速记本、相机（手机）
3. 活动实施

表 1-2《相关案例的搜集与整理》活动实施表

序号	步骤	操作及说明
1	收集案例	通过各种途径收集优秀案例，注意搜集的案例与本案的关联性及代表性。
2	剖析案例	用图文的形式剖析收集的案例对本案可借鉴的经验。

职业能力 3　道路绿地设计构思

【核心概念】

道路绿地设计构思：通过前期的基地现状分析及优秀案例的剖析，并结合当地的人文特色，确定本道路绿地设计的主题及思路。

【相关知识】

一、方案构思的概念

构，是指构想、设想、框架、结构安排，且指整体。思，是以抽象思维为主导，包括形象思维、潜意识思维和灵感思维等的心理活动。

方案构思是指设计师在前期的基地现状分析及优秀案例的剖析基础上，从地理、文脉、气候、历史、宗教等方面提炼设计的主题思想，并选择图、模型、语言、文字等最佳表现方式，以指导设计实践的思维过程。同时，构思也是艺术设计师提笔前的一种心理活动。它常常通过构思上的突破得出截然不同想法，将主题与表现形式巧妙地协调起来。

二、如何从搜集的信息中提炼设计的主题思想

其方式有：草图法、模仿法、联想法、奇特构思法。

【案例教学】

江苏省句容市华阳南路南延段道路设计概念

【活动设计】

1. 场所：图书馆等
2. 工具：铅笔、速记本、相机（手机）
3. 活动实施

表 1–3《道路绿地设计构思》活动实施表

序号	步骤	操作及说明
1	提炼设计主题	从地理、文脉、气候、历史、宗教等方面提炼设计的主题思想
2	呈现设计主题	草图法、模仿法、联想法、奇特构思法

工作任务 1.3 道路方案设计

职业能力 4　标段平面图设计

【核心概念】

建设工程标段：对一个整体工程按实施阶段（勘察、设计、施工等）和工程范围切割成工程段落并把上述段落或单个或组合起来进行招标的招标客体。

标段平面图设计：根据其各绿化分隔带的特点和前期整体构思情况，在底图中选取有代表性的道路段，用计算机辅助设计（简称 CAD）软件绘制线稿，表达道路标准段地形、植物等的平面位置、组景情况，再用 Adobe Photoshop（简称 PS）软件上色及后期处理完成平面图设计。

【相关知识】

标段的选取应在整个道路段具有代表性。道路标段分隔带一般分为人行道绿化带、分车绿带、路测绿带等。

一、人行道绿化带

从车行道边缘至建筑红线之间的绿地称为人行道绿化带，是道路绿化中的重要组成部分，在道路绿地中往往占较大的比例，包括行道树、防护绿带及基础绿带等。

人行道绿化带上树木与各种管线及地上地下构筑物之间的最小距离见表 1–4 至表 1–6。行道树可采用种植带式或树池式的栽种方式，也可以结合使用，要根据道路和行人的情况来确定。道路行人量大，多选用种树池式，树池形状一般为方形或长方形，少有圆形。树池的最短边尺寸不得小于 1.2m，其平面尺寸多为 1.2m×1.5m、1.5m×1.5m、1.5m×2.0m、1.8m×2.0m 等。树池的边石有高出人行道 10~15cm 的，也有和人行道等高的，前者对树木有保护作用，后者行人走路方便，现多选用后者。在主要街道上还覆盖特制混凝土盖板石或铁花盖板保护植物，于行人更为有利。道路不太重要、行人量较少的地段可选用种植带式。长条形的种植带施工方便，

表 1–4 树木与地下管线外缘最小水平距离

管线名称	距乔木中心距离（m）	距灌木中心距离（m）
电力电缆	1.0	1.0
电信电缆（直埋）	1.0	1.0
电信电缆（管埋）	1.5	1.0
给水管道	1.5	–
雨水管道	1.5	–
污水管道	1.5	–
燃气管道	1.2	1.2
热力管道	1.5	1.5
排水盲沟	1.0	–

表 1-5 树木根茎中心至地下管线外缘最小距离

管线名称	距乔木根茎中心距离（m）	距灌木根茎中心距离（m）
电力电缆	1.0	1.0
电信电缆（直埋）	1.0	1.0
电信电缆（管埋）	1.5	1.0
给水管道	1.5	1.0
雨水管道	1.5	1.0
污水管道	1.5	1.0

注：乔木与地下管线的距离是指乔木树干基部的外缘与管线外缘的净距离。灌木或绿篱与地下管线的距离是指地表处分蘖枝干中最外的枝干基部的外缘与管线外缘的净距离。

表 1-6 树木与其他设施最小水平距离

设施名称	至乔木中心距离（m）	至灌木中心距离（m）
低于 2m 的围墙	1.0	–
挡土墙	1.0	–
路灯杆柱	2.0	–
电力、通信杆柱	1.5	–
消防龙头	1.5	2.0
测量水准点	2.0	2.0

注：表 1-4 至表 1-6 可供树木配置时参考，但在具体应用时，还应根据管道在地下的深浅程度而定。

对树木生长也有好处，缺点是裸露土地多，不利于街道卫生和街景的美观。为了保持清洁和街景的美观，可在条形种植带中的裸土处种植草皮或其他地被植物。种植带的宽度应在 1.2m 以上。

二、分车绿带

分车绿带概念：车行道之间可以绿化的分隔带，位于上下行机动车道之间的为中间分车绿带（简称中分带）；位于机动车道与非机动车道之间或同方向机动车道之间的为两侧分车绿带（简称侧分带）。

分车绿带目的：用绿带将人流与车流分车，机动车与非机动车分车，保证不同速度的车辆能全速前进，并保证安全行驶。

分车绿带设计要点：

（1）分车绿带的植物配置应形式简洁，树形整齐，排列一致。乔木树干中心至机动车道路缘石外侧距离不宜小于 0.75m。

（2）中间分车绿带应阻挡相向行驶车辆的眩光，在距相邻机动车道路面高度 0.6~1.5m 之间的范围内，配置植物的树冠应常年枝叶茂密，其株距不得大于冠幅的 5 倍。

（3）两侧分车绿带宽度大于或等于 1.5m 的，应以种植乔木为主，并宜与乔木、灌木、地被植物相结合。其两侧乔木树冠不宜在机动车道上方搭接。分车绿带宽度小于 1.5m 的，应以种植灌木为主，并与灌木、地被植物相结合。

（4）被人行横道或道路出入口断开的分车绿带，其端部应采取通透式配置。

分车带的分段（70~100m）目的：便于行人出入过街，尽可能与人行横道、停车站、大型商店和人流集散比较集中的公共建筑出入口结合。

三、路侧绿带

配置原则：乔木成林、灌木成块、地被成片的植物群落结构。

路侧绿带以形成多层次、高落差的绿化格局为主，从高大乔木、小乔木、花灌木、色叶小灌木、地被植物，打破平淡，构成丰富多变的整体景观。大型的模纹图案，花灌木根据不同的线条种植，形成大气简洁的植物景观；利用植物的色、香、形、神、韵丰富道路景观；空间上，乔、灌、草、地被植物高低错落，层次丰富，并在造型上出现条、块、球、带等各种几何图案，纹饰等色块效果，使得绿化景观的空间效果赏心悦目，达到统一中求变化，在变化中出效果。人工植物群落按乔、灌、地被植物的植物种植形式，密度相对较高，充分发挥生态和景观功能。

四、道路种植设计要点

（1）道路植物景观应营造大尺度的整体景观效果，优先考虑植物色彩搭配和分布，然后考虑植物形态。

（2）两侧分车带视绿带宽度选择合适的种植方式。

（3）中间分车绿带防眩光设计：高度 0.6~1.5m 之间要枝繁叶茂，当隔离带达 8~10m 宽时，可不考虑防眩光。

（4）关键点的设计：道路节点，转弯及隔离绿带车道汇合处，视线焦点交汇处交通绿岛及导向绿岛等。

（5）安全视距的设计，注意车速与视线通透距离的对应关系。

（6）注意行道树与各类管线及构筑物、路缘石的距离，行道树种植间距。

（7）行道树树种选择应选用树干直、树冠大的种类，其净杆高的尺度控制在：城市道路为 2.8m，郊区为 4m。

（8）行道树相关要求：

①株距：>4m；

②胸径：快长树 >5cm，慢长树 >8cm；

③与路缘石外侧距离：0.75m；

④枝下高（停车场）：小型汽车 >2.5m，中型汽车 >3.5m，载货汽车 >4.5m。

（9）高速公路交叉口 150m 以内及回车弯道处不宜栽种乔木。

（10）所有栽植不能影响交通标志的指示作用。

相关图片

【案例教学】

江苏省句容市华阳南路南延段道路标段平面图设计

【活动设计】

1. 场所：设计室
2. 工具：电脑（含 CAD、PS 软件）
3. 活动实施

表 1-7《标段平面图设计》活动实施表

序号	步骤	操作及说明	标准
1	确定标准段位置	在 CAD 中打开设计底图，删除标段外的底图线条。	《城市道路绿化设计标准》CJJ/T 75–2023
2	绘制标准段平面图	1）确定标段风格和样式； 2）绘制标段地形等高线； 3）绘制上木； 4）绘制下木； 5）标注。	

职业能力 5　绘制标段效果图

【核心概念】

绘制标段效果图：运用 SketchUp（草图大师，简称 SU）或 3D Studio Max（简称 3d Max）工具将标准段平面图三维化，以期检查平面设计中的细微瑕疵或进行项目方案修改的推敲。

【相关知识】

效果图一词从字面上理解是通过图片等传媒来表达作品所需要以及预期达到的效果，现在主要指通过计算机三维仿真软件技术来模拟真实环境的高仿真虚拟图片。效果图的主要功能是将平面的图纸三维化、仿真化，通过高仿真的制作，来检查设计方案的细微瑕疵或进行项目方案修改的推敲。

常见的透视有一点透视、两点透视和三点透视。道路绿地效果图的绘制一般采用“一点透视”。

所谓一点透视通常指在后方找一点消失点，让所有的线聚集到消失点上。

一点透视又称为平行透视，由于在透视的结构中，只有一个透视消失点，因而得名。平行透视是一种表达三维空间的方法。当观者直接面对景物，可将眼前所见的景物，表达在画面之上。通过画面上线条的特别安排，来组成人与物，或物与物的空间关系，令其具有视觉上立体及距离的表象。

一、一点透视的特点

优点：表现范围广，纵深感强，可以很好地表现建筑的远近关系，适合表现庄重、严肃的室内空间和建筑物。

缺点：构图相对于成角透视较呆板，不像成角透视一样有很强的立体感。

二、一点透视的规律

（1）平行透视只有一个消失点，消失点在视平线上；

（2）物体在消失点的左侧，向右消失，在右侧则向左消失；

（3）物体在视平线上方，向下消失，反之，则向上消失；

（4）与画面平行的线永远平行，竖直线永远竖直，与画面不平行的线向消失点聚合。

相关图片

【案例教学】

江苏省句容市华阳南路南延段道路标段效果图绘制

【活动设计】

1. 场所：设计室
2. 工具：电脑（含 CAD、PS、SU 软件）
3. 活动实施

表 1-8《绘制标段效果图》活动实施表

序号	步骤	操作及说明
1	导入 CAD 底图	打开 SU, 导入 CAD 图纸。注意 CAD 文件中的单位和 SU 中的是否一致。
2	地形处理	1）将导入的 CAD 线稿进行封面，封面可手动封面，也可使用相应插件辅助； 2）如场地有地形变化，根据需要选用相应的工具绘制出场地的地形。 （说明：如果是手动封面：必须将 CAD 中的线条全部描一遍，使每个区域形成一个面）
3	添加植物、人物等	1）乔木和灌木可选用相应的植物组件放置在合适的位置，地被、草本植物可通过贴图赋予； 2）在合适位置放置人物组件。 （说明：选择的乔木和灌木组件的高度要符合实际高度情况）
4	导出图纸	1）根据需要选择合适的视角和样式； 2）打开阴影工具，设置相应的地理位置、日期和时间； 3）出图可直接导出二维图像，或使用 VRay、Lumion 等渲染软件。
5	后期处理	根据需要可选择 PS 等图形编辑软件对导出的图纸进行后期处理。 （说明：后期插入的素材尺度要符合人的视觉习惯）

职业能力 6　标段岛头设计

【核心概念】

通透式配置：绿地上配植的树木，在距相邻机动车道路面高度在 0.9~3.0m 范围内，其树冠不遮挡驾驶员视线的配置方式。

【相关知识】

岛头是指在道路的路面上用线条、箭头、文字、立面标记、突起路标和轮廓标等向交通参与者传递引导、限制、警告等交通信息的标识。

在道路岛头部位一般布置花境花坛、增设绿色家具等，在保证交通安全的前提下兼顾美观效果。

被人行横道或道路出入口断开的分车绿带岛头，其端部应采取通透式配置。有三种情况：

（1）人行横道线在绿带顶端通过，在人行横道线的位置上铺装混凝土方砖不进行绿化；

（2）人行横道线在靠近绿带顶端位置通过，在绿带顶端留一小块绿地，在这一小块绿地上可以种植低矮植物或花卉草地；

（3）人行横道线在分车绿带中间某处通过，在行人穿行的地方不能种植绿篱及灌木，可种植落叶乔木。

总之，当行人横穿道路时必然横穿分车绿带，这些地段的绿化设计应根据人行横道线在分车绿带上的不同位置，采取相应的处理办法，既要满足行人横穿马路的要求，又不能影响分车绿带的整齐美观。

相关图片

【案例教学】

江苏省句容市华阳南路南延段道路岛头设计

【活动设计】

1. 场所：设计室
2. 工具：电脑（含 CAD、PS、SU 软件）
3. 活动实施

表 1-9《标段岛头设计》活动实施表

序号	步骤	操作及说明	标准
1	导入 CAD 底图	打开 SU, 导入 CAD 图纸。注意 CAD 文件中的单位和 SU 中的是否一致。	《城市道路绿化设计标准》CJJ/T 75-2023
2	地形处理	1）将导入的 CAD 线稿进行封面。封面可手动封面，也可使用相应插件辅助； 2）如场地有地形变化，根据需要选用相应的工具绘制出场地的地形。 （说明：如果是手动封面：必须将 CAD 中的线条全部描一遍，使每个区域形成一个面）	
3	添加植物、人物等	1）乔木和灌木可选用相应的植物组件放置在合适的位置，地被、草本植物可通过贴图赋予； 2）在合适位置放置人物、汽车组件。 （说明：选择的乔木和灌木组件的高度要符合实际高度情况）	
4	导出图纸	1）根据需要选择合适的视角和样式； 2）打开阴影工具，设置相应的地理位置、日期和时间； 3）出图可直接导出二维图像，或使用 VRay、Lumion 等渲染软件。	
5	后期处理	根据需要可选择 PS 等图形编辑软件对导出的图纸进行后期处理。 （说明：后期插入的素材尺度要符合人的视觉习惯）	

工作任务 1.4 城市道路绿地施工图设计

职业能力 7 编制施工图图纸目录

【核心概念】

编制施工图图纸目录：在施工图设计封面页之后，排列在一套施工图纸的最前面，以列表的形式列出一套城市道路绿地施工图（景施、水施、电施等）的图纸目录。

【相关知识】

图纸目录应准确表达图纸的顺序、名称、数量、图号、图幅等信息。某工程设计图纸目录见表 1–10。

表 1–10 某工程施工图图纸目录（部分）

序号	图纸名称	图号	图幅	备注
1	图纸目录	景施 –01	A2	
2	种植设计总说明	景施 –02	A2	
3	总平面索引图	景施 –03	A2	
4	总平面图	景施 –04	A2	
5	苗木总表	景施 –05	A2	
6	1 号地块乔木及散植灌木平面图	景施 –06	A2	
7	1 号地块片植灌木及地被平面图	景施 –07	A2	
8	2 号地块乔木及散植灌木平面图	景施 –08	A2	
9	2 号地块植灌木及地被平面图	景施 –09	A2	
10	3 号地块乔木及散植灌木平面图	景施 –10	A2	
11	3 号地块片植灌木及地被平面图	景施 –11	A2	
12	4 号地块乔木及散植灌木平面图	景施 –12	A2	
13	4 号地块片植灌木及地被平面图	景施 –13	A2	
14	5 号地块乔木及散植灌木平面图	景施 –14	A2	
15	5 号地块片植灌木及地被平面图	景施 –15	A2	
16	6 号地块乔木及散植灌木平面图	景施 –16	A2	
17	6 号地块片植灌木及地被平面图	景施 –17	A2	
18	7 号地块乔木及散植灌木平面图	景施 –18	A2	
19	7 号地块片植灌木及地被平面图	景施 –19	A2	

【案例教学】

编制江苏省句容市华阳南路南延段道路施工图图纸目录

【活动设计】

1. 场所：设计室
2. 工具：电脑（含 CAD 软件）
3. 活动实施

表 1-11《编制施工图图纸目录》活动实施表

序号	步骤	操作及说明	标准
1	绘制图框	可以是 CAD 自带图框，也可以根据要求自行设计图框。图纸目录图幅的大小一般为 A4（297mm×210mm），根据实际情况也可用 A3 或其他图幅。	《建筑制图标准》GB/T 50104-2010 《总图制图标准》GB/T 50103-2001
2	列景施图纸目录	1）列种植支撑、排水大样图纸名称、编号、图幅； 2）列种植索引图及苗木表图纸名称、编号、图幅； 3）列各段上木种植图图纸名称、编号、图幅； 4）列各段下木种植图图纸名称、编号、图幅； 5）列土方说明详图图纸名称、编号、图幅。	
3	列电施图纸目录	1）列照明施工说明及配电系统图图纸名称、编号、图幅； 2）列景观照明平面布置图图纸名称、编号、图幅； 3）列园林建筑详图图纸名称、编号、图幅； 4）列种植详图图纸名称、编号、图幅。	
4	列水施图纸目录	1）列绿化浇洒施工说明图纸名称、编号、图幅； 2）列绿化浇洒平面布置图图纸名称、编号、图幅。	

职业能力 8　绘制种植支撑标准大样

【核心概念】

绘制种植支撑标准大样：按照绿化施工支撑规范，绘制架设大型乔木支撑固定的标准大样图，包括支撑材料、支撑方式及支撑选用与标准等。

【相关知识】

大树应在苗木浇灌定根水之前，及时架设支撑固定。

一、支撑材料

1. 支撑杆

1）常用的支撑杆

常用的支撑杆有：杉木杆、松木杆、桉树杆，尺寸标准见表 1–12。

表 1–12 杉木杆、松木杆、桉树杆尺寸标准

支撑杆长度	小头直径	允许偏差	备注
8m	⩾ 5cm	± 1.0cm	
6m	⩾ 4cm	± 0.7cm	
5m	⩾ 4cm	± 0.6cm	
4m	⩾ 3cm	± 0.5cm	
3m	⩾ 3cm	± 0.5cm	
2m	⩾ 2cm	± 0.4cm	

常用的支撑杆质量要求：

①材料不得老旧腐朽，生产至进货期不超过 1 年，保障材质和硬度；

②材料必须干直，不得为歪曲木材；

③因其与苗木直接接触，故不得携带对苗木有危害的病虫害，无虫蛀痕迹；

④除杉木外，严禁使用带皮支撑杆。

2）竹杆

小规格苗木，或不受大风影响的区域，可优先选用成本较低的竹杆，尺寸标准见表 1–13。

竹杆质量要求：

①竹杆不得老旧腐朽，保障材质和硬度；

②竹杆必须干直，不得歪曲；

③不得携带对苗木有危害的病虫害，无虫蛀痕迹。

3）镀锌钢管

在瞬间风力超过八级的区域，或种植大型苗木（胸径 30cm, 高度超过 8m）时可选用钢管支撑，尺寸标准见表 1–14。

镀锌钢管质量要求：

①钢支撑表面内层镀锌防锈，外层涂绿漆；

②必须干直，不得歪曲。

表 1-13 竹杆尺寸标准

支撑杆长度	小头直径	允许偏差	备注
5m	≥ 4cm	± 0.5cm	
4m	≥ 4cm	± 0.5cm	
3m	≥ 3cm	± 0.3cm	
2m	≥ 3cm	± 0.3cm	

表 1-14 镀锌钢管尺寸标准

支撑杆长度	直径	备注
6m	DN40	标准长度
4m	DN40	标准长度

4）新型材料

第一类：高脂聚物材料。

第二类：给力支撑，杆身上部分为木材，下部分为钢铁，用于固定于地下。

上述新型支撑材料常应用于中小乔木。

2. 锚桩

与支撑杆材质一致，保证美观。

3. 绑扎材料

常用绑扎材料有：扎篾、铁丝（一般选用 12~14 号）、麻绳，新型支撑有配套的简易绑扎带。

4. 垫衬物

垫衬物即支撑杆与苗木接触处起缓冲作用的物品。常用垫衬物有麻布、无纺布、无纺布和包装棉。

5. 连接件

镀锌钢管常用脚手架扣件，新型支撑配套使用的有套环、套头。

二、支撑方式

1. “n” 字形

1）单 “n” 字形

又称 “门” 字形、“E” 字形支撑，小乔木或灌木可采用 “n” 字形支撑。为提升单 “n” 字形支撑力度，可在主风方向增加支撑杆。

2）双 “n” 字形

又称 “十” 字形支撑。风力较大区域，单 “n” 字形支撑无法满足支撑需要时，可采用双 “n” 字形支撑。

2. 三角支撑

选用三角支架，加以锚桩辅助的支撑方式。

3. 四角支撑

1）简易型

选用四角支架，可加锚桩辅助的支撑方式。

2）井字形

选用四角支架，可加锚桩辅助，并用横梁连接各支撑柱的支撑方式。

4. 钢 / 铁丝拉线支撑

采用钢 / 铁丝设桩拉线，固定苗木的支撑方式。

5. 特殊支撑

1）两杆支撑

为防止苗木向一侧倾倒所选用的临时支撑。

2）网状支撑

成片种植或假植的较大型乔木或竹类，采用水平支撑的支撑方式。

3）多角支撑

为提升支撑强度，采用超过 5 根支撑杆或多层支撑架的支撑方式。

三、支撑选用与标准

1. 不同情景下支撑的选用

1）树池

统一采用四角支撑（较高的采用高位四角支撑），湖边等地根据实际，在不影响行人走动和环境美观的情况下，可拉线辅助。

2）行道树

统一采用四角支撑。

3）组团

树高不大于 3m，或分支点小于 1m 时，采用“n”字形支撑，苗木冠幅较大时，可采用双“n”字形支撑；

树高不大于 7m，且干径小于 25cm 时，采用三角支撑，15cm 以下优先选用竹杆；

树高大于 7m，或干径大于 25cm 时，采用四角支撑；

当简易四角支撑无法满足支撑强度要求时，可采用“井”字形四角支撑，必要时拉线辅助；

规则式种植且密度高的小规格苗木（竹、杨树），可采用网状支撑。

4）特殊情景

斜坡 / 水边飘水时宜选用两杆交叉支撑，根据强度可增加支撑杆；

瞬间风力超过 8 级，或冠幅很大、土球小、重心不稳的大型苗木须选用钢管支撑；

胸径 40cm 以上大型苗木宜采用多角支撑，可用铁钉固定支撑与树干。

2. 支撑规格的选用

1）高度

三角或四角支撑的支撑点宜在树高的 1/3~2/3 处；

一般常绿针叶树，支撑高度在树体高度的 1/2~2/3 处；

落叶树在树干高度的 1/2 处；

“n”字支撑高宜为 60~100cm。

2）角度

三角支撑一般倾斜角度 45° ~60° ，以 45° 为宜；

四角支撑，支撑杆与树干夹角 35° ~40° 。

3）规格选用（表 1-15）

4）方向

三角支撑的一根支撑杆必须设立在主风方向上位，其他两根均匀分布；

行道树的四角支撑，其两根支撑杆必须与道路平齐；

方形树池的四角支撑，各支撑杆分布在各直角位。

表 1-15 苗木规格选用标准

苗木高度	支撑长度	小头直径	备注
≥ 17cm	≥ 8cm	≥ 5cm	
14-17cm	≥ 7cm	≥ 4cm	
12-14cm	≥ 6cm	≥ 4cm	
10-12cm	≥ 5cm	≥ 3cm	
8-10cm	≥ 4cm	≥ 3cm	
6-8cm	≥ 3cm	≥ 2cm	

【案例教学】

江苏省句容市华阳南路南延段植物种植支撑标准大样

【活动设计】

1. 场所：设计室
2. 工具：电脑（含 CAD 软件）
3. 活动实施

表 1-16《绘制种植支撑标准大样》活动实施表

序号	步骤	操作及说明	标准
1	绘制大型乔木的支撑大样	1）绘制大型乔木支撑大样的标准剖面。对包裹物、胸径、根径、表层覆盖物、自然面标高，土壤标高、种植土进行文字标注和尺寸标注。 2）绘制多重金属线拉索支撑平面图和大样图。对木桩和金属线进行文字标注和尺寸标注。	恒大园林集团绿化施工支撑规范
2	绘制小型乔木支撑示意图	1）绘制小型乔木支撑大样的标准剖面。对包裹物、胸径、根径、表层覆盖物、自然面标高，土壤标高、种植土进行文字标注和尺寸标注。 2）绘制木桩支撑平面图和大样图。对固定物进行文字标注和尺寸标注。	
3	绘制整形灌木修剪示意图	绘制整形灌木修剪大样图。绿篱式种植树坑应统一开挖为适当长度，宽 1200mm，深 450mm 的沟渠。 将苗木分两行交错地种植在沟渠内，每行间隔 450mm，同行每两株苗间隔 500mm	
4	绘制攀缘植物支撑示意图	绘制攀缘植物支撑大样图。长宽 50*50mm 的木条支撑固定在地下，直径 25mm 的 pvc 链条，标注自然面标高。	
5	绘制双行式绿篱种植坑示意图	绘制双行式绿篱种植坑大样图。绿篱式种植树坑应统一开挖为适当长度，宽 1200mm，深 450mm 的沟渠。	

职业能力 9　绘制种植索引图及苗木表

【核心概念】

绘制种植索引图及苗木表：在园林植物种植设计图的基础上，绘制每个标准段对应的种植索引图，编制苗木配置表，包括乔木名称、图例、规格（胸径、冠幅、高度等）和数量（株数）；灌木应列出名称、图例、规格（苗高）和数量（面积）等。

【相关知识】

一、种植索引图

总平面索引图是指用于表达分图设计时各分区图纸在总图中的位置，便于施工中查找，适用于场地较大或线路较长、不宜布置在单张图纸出图的情况。

总平面索引图上指北针放在图纸的右上角，分图线为 2mm 粗虚线，划分各分区图纸边界。

二、苗木表

苗木总表用于计算工程量及工程备苗之用，树木的选种、形态、规格等要素与工程造价密切相关，通常乔木的规格以胸径为首要因素，其次为高度、冠幅，然后是净干高与土球，由于植物是有生命的材料，备注栏可对植物的其他要求作说明。

1. 植物中文名（简称：中名）

植物名称以《中国植物志》为准，各地俗名可在备注栏注明。

2. 植物拉丁学名（简称：拉丁名）

拉丁学名具有唯一性，可避免在不同国家、地域、文化下产生同物异名或异物同名现象时的误解。为简洁明了地表达植物物种，拉丁学名通常由属名 + 种加词构成，省去命名人姓氏。

3. 胸径

指苗木主干离地表面 130cm 处的直径，适合大中乔木。胸径通常为乔木规格的硬指标，在苗木表栏目里往往排列在高度、冠幅之前；造型植物、棕榈科植物、低分枝丛生小乔木和大灌木等以地径取代胸径作为衡量标准。地径指苗木主干离地 10cm 处基部的直径（棕榈科植物可量膨大处），通常以小写英文字母 d 表示。

4. 高度

指植物从地面至正常生长顶端的垂直高度。

5. 冠幅

指植物的垂直投影面的直径。

6. 净杆高

指乔木从地面至树冠分枝处即第一分枝点的高度。行道树、停车场、公共活动广场由于车行、人行等活动因素，乔木的净杆高度有具体要求。

7. 土球

指苗木根部保证树木成活所保留根系的泥球，土球的尺度涉及人工费的计算，须明晰其直径及高度。

8. 备注

通常对苗木的规格、形态、名称、地被种植密度、爬藤植物种植间距等方面做补充说明，如棕榈科植物的叶片要求、顶端优势的植物要求保留顶梢、造型植物的特殊形态要求等。

【案例教学】

江苏省句容市华阳南路南延段道路植物种植索引图及苗木表

【活动设计】

1. 场所：设计室
2. 工具：电脑（含 CAD 软件）
3. 活动实施

表 1-17《绘制种植索引图及苗木表》活动实施表

序号	步骤	操作及说明	标准
1	绘制种植索引图	对各分段图纸在总种植平面图中的位置用数字表示。（说明：标识的数字必须与目录中图纸名称中标识的数字保持一致）	《环境景观（绿化种植设计）》03J012-2
2	绘制苗木总表	对编号、名称、规格（高度、冠径）、种植密度、数量、备注等内容进行详细的列表。	

职业能力 10　绘制上木种植图

【核心概念】

绘制上木种植图：绘制乔木、花灌木、竹类等上木的各段种植设计图。

【相关知识】

上木是高大乔木，下木是耐阴乔灌木。以自身的高度分为上木和下木：上木一般指乔木、花灌木、竹类等，一般可以以株计量；下木一般指小灌木、地被、草坪等，一般以平方米（m^2）计量；球类的归于上木下木均可，为方便统计放入上木者多。

常见道路绿地复层结构植物群落组织形式主要有以下几种：

1. 背景乔木 + 地被

对景观系列起背景衬托作用，同时对道路绿地起防护作用。地被植物宜选择耐阴的品种，背景树一般宜高于前景树，形成绿色屏障，色调加深，或与前景有较大的色调和色度上的差异，以加强衬托。

2. 灌木球 + 地被

灌木球 + 地被的配置方式使人视线开阔，并带给人一种遐想的空间。

3. 小乔木 + 灌木

增加景观和季相的变化，具有节奏感和韵律感。中央路东延段的绿化要达到春季繁花似锦，夏季绿树成荫，秋季红叶满目，冬季苍翠迷人的四季风光景观各异效果，小乔木 + 灌木的结合配置方式起到一定的作用。

4. 常绿乔木 + 花灌木 + 地被（色块）

既可四季常青，又可季相变化，同时提高绿化水平，是中央路东延段道路景观良好的点缀，也是联系各个部分最为简单有效的办法，同时也为中央路东延段道路环境带来了一定意义上的美学效益和生态效益。

5. 乔木 + 灌木 + 草花 + 地被

配置植物层次分明，色彩丰富、组合多样，形成的林冠线高低起伏，浪花状模纹彩带动感十足，意在形成虽由人做，宛自天开的自然效果，并充分发挥植物的生态效益。

【案例教学】

江苏省句容市华阳南路南延段道路上木种植图

【活动设计】

1. 场所：设计室
2. 工具：电脑（含 CAD 软件）
3. 活动实施

表 1-18《绘制上木种植图》活动实施表

序号	步骤	操作及说明
1	绘制分段 1 段上木种植图	1）在 CAD 中打开设计底图，按照种植索引图确定分段 1 段位置，删除分段 1 段外的底图线条； 2）确定该段种植风格和样式，绘制中分段、侧分带、路测绿带的上木图例； 3）标注上木名称。
2	绘制分段 2 段上木种植图	同上绘制方法。
3	以此类推，绘制其余段的种植图	同上绘制方法。

职业能力 11 绘制下木种植图

【核心概念】

绘制下木种植图：绘制小灌木、地被、草坪等下木的各段种植设计图。

【相关知识】

常见灌木有玫瑰、杜鹃、牡丹、小檗、黄杨、沙地柏、铺地柏、连翘、迎春、月季、茉莉、沙柳等。

【案例教学】

江苏省句容市华阳南路南延段道路下木种植图

【活动设计】

1. 场所：设计室
2. 工具：电脑（含 CAD 软件）
3. 活动实施

表 1-19《绘制下木种植图》活动实施表

序号	步骤	操作及说明
1	绘制分段 1 段下木种植图	1）在 CAD 中打开设计底图，按照种植索引图确定分段 1 段位置，删除分段 1 段外的底图线条； 2）确定该段种植风格和样式，绘制中分段、侧分带、路测绿带的下木图例； 3）标注下木名称。
2	绘制分段 2 段下木种植图	同上绘制方法。
3	以此类推，绘制其余段的种植图	同上绘制方法。

职业能力 12　绘制节点详图

【核心概念】

绘制节点详图：对多条道路交汇或人流集合、车流汇聚的重要场所，绘制平、立、剖、效果图进行详细表达。

【相关知识】

节点又称结点，指过往人流集合的场所，交通往返必经之地、多条道路交汇之处，区域中公共建筑密集的中心点和具有特殊意义的焦点，如广场、道路交叉口、车站、渡口、桥头等均可成为节点。因此，具有交接点和集中点双重性质。

【案例教学】

江苏省句容市华阳南路南延段道路节点详图

【活动设计】

1. 场所：设计室
2. 工具：电脑（含 CAD、SU 等软件）
3. 活动实施

表 1-20《绘制节点详图》活动实施表

序号	步骤	操作及说明
1	绘制节点平面图	在 CAD 中对节点中重要的构筑物及建筑物的平面尺寸及材料等进行详细表达。
2	绘制节点立面图	在 CAD 中对节点中重要的构筑物及建筑物的立面尺寸及材料等进行详细表达。
3	绘制节点效果图	1）在 CAD 中绘制底图； 2）打开 SU，导入底图； 3）添加植物、构筑物等； 4）导出图纸，后期处理。

职业能力 13　绘制绿化浇洒平面布置图

【核心概念】

绘制绿化浇洒平面布置图：在道路各绿化带上用平面的方式展现绿化浇洒管网和喷头的布置和安排。

【相关知识】

一、绿化浇洒施工一般要求

供水系统：景观绿化浇洒用水一般由市政给水管供给。绿化给水系统管路施工应与园林、道路等专业密切配合。

管道沟槽人行道及绿化带下采用素土回填 (120° 设计支承角除外)、行车道下采用中、粗砂回填，分层夯实。

管道绿地下覆土不小于 0.5m，车行道下覆土不小于 0.7m，不满足上述要求时，管道需额外增加一根钢套管，管径较设计给水管道大一号。

二、绿化浇洒喷头的技术参数

以 4 分全铜螺母 360° 旋转喷头为例，其技术参数为：

工作压力：2.0~3.0kgf/cm^2；

流量：0.68~1.50m^3/h；

喷洒半径：8.0~10.5m；

喷洒角度：45~360° 可调。

三、浇洒绿化用水量的计算

浇洒绿化用水量应根据绿化面积、气候和土壤等条件确定。

浇洒道路用水量一般为每平方米路面每次 1.0~2.0L，每日 2~3 次。大面积绿化用水量可采用 1.5 ~ 4.0L/(m^2 · d)。

城市的未预见水量和管网漏失水量可按最高日用水量的 15% ~ 25%合并计算，工业企业自备水厂的上述水量可根据工艺和设备情况确定。

【案例教学】

江苏省句容市华阳南路南延段道路绿化浇洒平面布置图

【活动设计】

1. 场所：设计室
2. 工具：电脑（含 CAD 软件）
3. 活动实施

表 1-21《绘制绿化浇洒平面布置图》活动实施表

序号	步骤	操作及说明	标准
1	分段	根据道路长度对需要绿化浇洒区域分段。	《喷灌工程技术规范》GB/T 50085-2007《给水排水管道工程施工及验收规范》GB 50268-2008
2	绘制绿化浇洒管网	采用公称外径 DN50 的给水管。	
3	绘制水表及水表井	接市政给水管预留接口，具体应根据实际接口位置适当调整。	
4	绘制工程图例表	包含管径、管长、水表及水表井、阀门井、取水栓等图例、数量信息。	
5	绘制阀门井	根据喷头喷洒半径确定阀门井之间的距离。 供水管道阀门均采用闸阀，钢纤维混凝土井圈及井盖（行车道下采用重型人行道及绿化带下采用轻型），阀门井及水表井附件安装详见《江苏省给水排水图集》（苏 S01-2012）给水部分。位于景观铺装及绿化范围内井盖，应设置“隐形井盖”（双层井盖），并满足相应荷载的要求。	
6	绘制取水栓	取水栓采用快速取水阀。	

职业能力 14　施工图布局出图

【核心概念】

模型空间：一般指按实物 1 : 1 绘制图纸的空间；

布局空间：又称图纸空间，一般指用于打印出图的空间。布局空间可以精确确定出图比例、文字字高、标注样式等，通过布局标签可以方便日后查看、归档等。可以在一张图纸上创建多个不同比例的视口，并能控制其可见性和是否打印等。

【相关知识】

布局出图一般有以下步骤：

1. 绘制标准图框

①绘制图纸轮廓线（297210）和图框线（277190）（以 A4 为例）；

②绘制标题栏，并对标题栏进行属性定义（图 1–19）；

③将轮廓线、图框线和标题栏一起存为一个块。

2. 布局设置

①创建新图层作为视口线专用图层，目的是打印时隐藏视口线；

②切换到布局；

③设置打印机及其特性，选定打印设备后，单击右侧特性；

④修改可打印区域上下左右边距为 0，因为我们已经做好了图纸轮廓线，这样方便插入时对齐，点击下一步，直至保存退出。

3. 插入标准图框

4.MV 命令开视口

①双击视口范围以内（或用 MS 命令），从“布局空间”进入“模型空间”。通过平移、缩放等手段将要打印的那部分显示在“视口”范围内；

②结束上一步后，双击视口范围以外（或用 PS 命令），从“模型空间”退回到“布局空间”；

③先选中视口，然后打开视口特性。

5. 设置出图比例

查看自定义比例，其倒数为出图比例，然后调整为标准比例。如自定义比例为 0.1127，其倒数为 8.87，对应的标准比例为 8，调整特性中的标准比例为 8。

6. 设置标注样式

①锁定视口；

②切换至“模型空间”，按照算出来的全局比例（标准比例），设置标注样式；

③设置标注样式指的是设置箭头大小、文字高度、超出尺寸线长度等（“全局比例”先不设置），设置的原则是：最终打印成什么尺寸就设置成什么尺寸，如最终打印出来箭头大小为 2.0mm，文字高为 3.0mm，超出尺寸线 1.5mm，那么在设置这些值时就设置成前面的数值。最后，再把“全局比例”调整为换算所得的值即可（这样做的好处是：不管你的出图比例是多少，直接将各项设置成最终出图的效果，需要针对不同出图比例调整的唯一 一个参数就是全局比例）。

在设置这几个不同的标注样式时，最好是在设置完一个标注样式以后再以此样式为基础样式新建其他的样式。因为可能要绘制不同的几个图形，可能要用到不同的几个单位，所以可能会用到几套不同的标注样式。

④再在“模型空间”内，设定“文字高度”“线宽”等内容，进行文字标注。

⑤继续将图纸绘制完整。最终标注和文字等效果与将来打印在纸上的效果一样。

7. 批量打印出图

将模型和自己不需要的布局删掉，便可批量打印图纸。

相关图片

【案例教学】

城市道路绿地施工图出图

【活动设计】

1. 场所：设计室
2. 工具：电脑（含 CAD 软件）
3. 活动实施

表 1-22《施工图布局出图》活动实施表

序号	步骤	操作及说明
1	绘制标准图框	1）绘制图纸轮廓线（297210）和图框线（277190）； 2）绘制标题栏，并对标题栏进行属性定义； 3）将轮廓线、图框线和标题栏一起存为一个块。 （说明：可以是 CAD 自带图框，也可以根据要求自行设计图框）
2	布局设置	1）创建视口线图层； 2）切换到布局空间，设置打印机及其特性； 3）修改可打印区域上下左右边距为 0。
3	插入标准图框	插入绘制的标准图框。
4	开视口	1）双击视口范围以内，进入“模型空间”。通过平移、缩放等手段将要打印的那部分显示在“视口”范围内。 2）双击视口范围以外，退回“布局空间”，选中视口，打开视口特性进行编辑。
5	设置出图比例	以此调整每个视口的标准比例。
6	设置标注样式	1）锁定视口； 2）切换至“模型空间”，按照全局比例（标准比例），设置标注样式。
7	批量打印出图	1）删掉模型和不需要的布局； 2）批量打印图纸。

2 项目二

广场绿地设计

广阔场地，互动交流，和谐社会

【学习目标】

1. 知识目标

（1）能阐述广场的概念和基本特点；

（2）能阐述广场的设计原则；

（3）能阐述不同类型广场空间的特点；

（4）能阐述不同类型广场的设计要点；

（5）能阐述广场绿地施工图的设计要点。

2. 能力目标

（1）能进行广场基地现状的分析和测绘；

（2）能结合当地的自然、人文环境，确定广场绿地设计的主题及思路；

（3）能绘制广场彩色总平面图；

（4）能绘制广场景观节点、道路流线分析图；

（5）能绘制广场鸟瞰图和局部效果图；

（6）能制作广场项目文本；

（7）能根据设计方案绘制广场绿地物料定位图；

（8）能根据设计方案绘制广场绿地种植施工图。

3. 素养目标

（1）能按照制图规范及标准制图；

（2）能遵守国家和地方关于城市广场绿地设计的相关规范；

（3）具备勤于思考、善于动手、勇于创新的精神；

（4）具有团队合作精神。

工作任务 2.1 广场场地前期分析

职业能力 1 基地资料记录与分析

【核心概念】

广场用地：以游憩、纪念、集会和避险等功能为主的城市公共活动场地，绿化占地比例宜大于 35%。

基地资料：广场周边环境、建筑风格、基地尺寸、排水、管线、土质、水质检测、现场植被图示、现场地面设施图示、气候条件、历史古迹等资料。

基地资料记录与分析：在广场方案设计前进行的场地现状的调研、测量和记录，形成基地现状图和分析文字，收集现状照片，方便设计师随时查阅和比照。

【相关知识】

城市广场的分类

按广场的性质功能分类，可分为市政广场、纪念广场、商业广场、交通广场、文化娱乐休闲广场等。

按形状分类，可分为正方形广场、长方形广场、梯形广场、圆形广场、椭圆形广场、不规整形广场等。

按要素构成分类，可分为建筑广场、雕塑广场、水上广场、绿化广场等。

【案例教学】

江苏省镇江市西津渡玉山广场场地前期分析

【活动设计】

1. 场所：镇江市西津渡玉山广场
2. 工具：测量工具、铅笔、速记本、相机（手机）
3. 活动实施

表 2-1《基地资料记录与分析》活动实施表

序号	步骤	操作及说明
1	形成基地现状图	运用测绘工具对基地进行测绘，形成基地现状图。现状图的底图绘制应简洁易懂、尺寸测量应精准、设计红线范围应明确。
2	分析基地外部交通环境	分析设计范围周边的道路系统和周边环境，拍摄现场照片。
3	分析基地内部环境	对基地现状（建筑风格、基地尺寸、排水、管线、土质、水质检测、现场植被图示、现场地面设施图示、气候条件等）进行测量和记录，对存在的问题进行分析并拍摄现场照片。
4	分析基地人文环境	了解西津渡历史沿革，以及如今的西津渡文化。

工作任务 2.2 广场绿地方案构思与推敲

职业能力 2 相关案例搜集与整理

【核心概念】

相关案例的搜集与整理：在方案设计前进行的相关广场绿地优秀案例搜集，通过对典型案例的剖析，以期对接下来的本案设计提供思路和帮助。

【相关知识】

优秀案例搜集的方法有哪些？

（1）实地调研各类广场绿地；
（2）通过网络搜集各类广场绿地资料；
（3）借阅或购买各类有关的文件规范、报纸、杂志、图书等；
（4）工程设计案例集。

参考网站

【案例教学】

广东省深圳市卓越梅林中心广场

【活动设计】

1. 场所：图书馆等
2. 工具：铅笔、速记本、相机（手机）
3. 活动实施

表 2-2《相关案例搜集与整理》活动实施表

序号	步骤	操作及说明
1	收集案例	通过各种途径收集优秀案例，注意搜集的案例与本案的关联性及代表性。
2	剖析案例	用图文的形式剖析收集的案例对本案可借鉴的经验。

职业能力 3　广场绿地设计方案构思

【核心概念】

构思立意：构建场地的整体形象，也是方案的主题。力求设计能反映地域和城市风俗，文化沉淀及大众的审美取向等。

设计构思：通过前期的基地现状分析及优秀案例的剖析，并结合场地客观存在的各要素，如历史特征和时代特征，运用多种手法形成一个方案的雏形。

【相关知识】

一、方案构思的概念

构，是指构想、设想、框架、结构安排，且指整体。思，是以抽象思维为主导、包括形象思维、潜意识思维和灵感思维等的心理活动。

方案构思是指设计师在前期的基地现状分析及优秀案例的剖析基础上，从地理、文脉、气候、历史、宗教等方面提炼设计的主题思想并选择图、模型、语言、文字等最佳表现方式，以指导设计实践的思维过程。同时，构思也是设计师提笔前的一种心理活动，常常通过构思上的突破得出截然不同想法，将主题与表现形式巧妙地协调起来。

二、方案构思“四法”

（1）草图法　在运用草图法进行构思的过程中，可以捕捉灵感、自由发挥、不受约束。能将自己的想法较明确地表达出来，也可以随意修改。能大致表达设计者的设计意图。

（2）模仿法　在于通过别人的想法、构思，激发自己的灵感。如设计方案时，可以大致分为：外形仿生、结构仿生、功能仿生等。

（3）联想法　要用联想法进行方案构思，人们就必须具备丰富的实践经验、较广的见识、较好的知识基础及较丰富的想象力。

（4）奇特构思法　运用这种方法形成的方案一般具有原创性。这些构思在历史上很少发生，或从来没发生过，甚至有些构思在当前的科学、技术、经济条件下无法实现。

【案例教学】

江苏省镇江市西津渡玉山广场设计理念提炼

【活动设计】

1. 场所：资料室、工作室、机房等
2. 工具：图纸、硫酸纸、电脑、绘图软件等
3. 活动实施

表 2-3《广场绿地设计方案构思》活动实施表

序号	步骤	操作及说明
1	提炼设计主题	从地理和文脉，气候，历史，宗教等方面提炼设计的主题思想。
2	呈现设计主题	草图法、模仿法、联想法、奇特构思法。

职业能力 4　广场绿地设计方案推敲比较

【核心概念】

广场方案：通过前期的设计构思切入，充分利用基地条件，从功能需求、人流走向、空间形式、场地环境等入手，最终确定广场绿地设计的主题及思路，并进行平面方案的布置，规划出广场的整体布局。

设计推敲：对于广场绿地设计而言，由于影响设计的因素很多，因此认识和解决问题的方式多样。多方案比较，最终目的是获得一个相对优秀的实施方案。

【相关知识】

一、方案的比较与权衡

在多个方案经构思形成之后，我们往往要对这些方案进行评判和比较，同时要从设计的目的出发，针对一些相互制约的问题进行权衡和决策，最后选出较为满意的方案或集中各方案的优点进行改进。

通过比较，明确了各个方案对设计指标的符合程度。但要制订出最佳方案，还必须根据设计要求与设计原则对各个方案进行权衡。

方案（1）：路线过于曲折，铺装过于丰富，广场的开阔感不够。

方案（2）：中心发散，路线主次明确，中心水景形式过于平淡，布局不够新颖。

方案（3）：主景运用花瓣造型，铺装运用波浪造型，有一定的主题表达，但和场所文化结合度还不够。

方案（4）：广场铺装统一性有体现，但区域划分过于单调。

二、方案深入

方案深入分多次完成，需要从深入到调整、从再深入到再调整。除具备较高的专业知识、较强的设计能力、正确的设计方法以及极大的兴趣外，细心、耐心和恒心是不可少的素质。

最终方案广场主题思路清晰与场地文脉结合度高；广场形式感强，内容设置贴切；铺装整体感强，区域划分明确，古色古香。

相关图片

【活动设计】

1. 场所：资料室、工作室、机房等
2. 工具：图纸、硫酸纸、电脑、绘图软件等
3. 活动实施

表 2-4《广场绿地设计方案推敲比较》活动实施表

序号	步骤	操作及说明
1	广场主题确定	结合周边建筑和环境，结合场地历史和时代特征来进行定位。
2	广场平面布局	符合广场特性和设计要点，以功能需求、人流走向和场地特征来进行平面方案的布置。

工作任务 2.3 广场绿地方案设计

职业能力 5　绘制广场彩色总平面图

【核心概念】

广场总平面图：设计范围内的总体布置图，按一般规定比例绘制，并能反映与原有环境的关系，表示广场景观设施的方位、间距、平面形状、名称及基地临界情况等。

【相关知识】

一、广场总平面图的内容

（1）规划用地的现状和范围。

（2）对原有地形、地貌的改造和新的规划。注意在总平面图上出现的等高线均表示设计地形，对原有地形不作表示。

（3）依照比例表示出规划用地范围内各园林组成要素的位置和外轮廓线。

（4）反映出规划用地范围内园林植物的种植位置。在总体规划设计图纸中，园林植物只要求分清常绿、落叶、乔木、灌木即可，不要求表示出具体的种类。

二、总平面图作用

便于观察物体之间的关系，能反映场地内平面整体的空间布局，是绘制其他图纸的主要依据，是指导施工的主要技术性文件。

三、彩色总平面图绘制要点

制作彩色平面图一般原则为：先大后小、先低后高、突出重点、颜色协调。

（1）掌握制图规范（常用图例）；

（2）把握比例和定位；

（3）轮廓线分出层次（用地红线最粗，建筑、道路、水体等较粗，等高线和标注线最细）；

（4）阴影表现要准确（光源方向一致，根据物体高度表现出长短）；

（5）用地周边环境要表现，适当弱化，做到主次分明；

（6）整体色彩配置和谐有层次；

（7）标注信息要到位（图名、比例、指北针、图例和文字说明）。

【案例教学】

江苏省镇江市西津渡玉山广场方案设计

【活动设计】

1. 场所：设计室
2. 工具：电脑（含 CAD、PS 软件）
3. 活动实施

表 2–5《绘制广场彩色总平面图》活动实施表

序号	步骤	操作及说明
1	提取设计底图	1）在 CAD 中打开设计底图； 2）提取设计范围底图线条。
2	绘制 CAD 平面图	1）确定方案图位置和尺寸； 2）绘制地形等高线； 3）绘制木平台和铺装； 4）绘制景观小品； 5）绘制植物； 6）虚拟打印 PDF 格式平面图。
3	绘制 PS 彩色平面图	1）导入 PDF 图纸； 2）道路和铺装选取区域填色或填充图案； 3）水体一般用渐变色，加内阴影和投影； 4）提取小品素材，选取拖移，调色，加投影； 5）提取植物素材，选取拖移，调色，加投影； 6）加文字和指北针，保存成图片文件。

职业能力 6　绘制广场观景流线分析图

【核心概念】

观景流线：游览场地各个景观节点的路线。

观景流线分析图：用不同颜色、粗细的箭头和点状节点的方式表达广场出入口、人流走向及主要景点位置的分析图。

【相关知识】

一、交通流线

指具有大小和方向的单向交通流的运行轨迹线。通常分车行流线和人行流线。根据场地交通流量和容量以及人流状况合理组织交通。

二、视线节点分析

视线节点指一个视线汇聚的地方，也是在整个景观轴线上比较突出的景观点。在特别引人注目的位置设置主要景观节点，根据道路和地形引导人的视线。

三、观景流线分析图制作技巧

（1）流线主次分明（用粗细表示）；
（2）方向明确（用箭头表示）；
（3）节点设置在引人注目的位置处（可分主次）；
（4）色彩搭配合理，标注突出。

【案例教学】

江苏省镇江市西津渡玉山广场方案设计

【活动设计】

1. 场所：设计室
2. 工具：电脑（含 PS 软件）
3. 活动实施

表 2-6《绘制广场观景流线分析图》活动实施表

序号	步骤	操作及说明
1	绘制 PS 彩色观景流线分析图	1）导入彩色平面图； 2）调整色彩模式，变灰度； 3）用圆圈符号标出节点，调色； 4）用粗虚线箭头标出外围观景流线，调色； 5）用细虚线箭头标出内场观景流线，调色； 6）加文字和图例，保存成图片文件。

职业能力 7 绘制广场鸟瞰图

【核心概念】

鸟瞰效果图：根据透视原理，用高视点透视法从高处某一点俯视地面起伏绘制成的透视图。

【相关知识】

一、草图模型

草图模型可以用 SU 软件创建，表达场地三维的景观位置、平面形状、垂直高度、地形高差等整体的立体组合效果。

二、鸟瞰图绘制要点

（1）选取最佳的角度出图；
（2）注意尺度；
（3）用地周边环境要表现，适当弱化，做到主次分明；
（4）整体色彩配置和谐、有层次。

【案例教学】

江苏省镇江市西津渡玉山广场方案设计

【活动设计】

1. 场所：设计室
2. 工具：电脑（含 CAD、SU、PS 软件）
3. 活动实施

表 2-7《绘制广场鸟瞰图》活动实施表

序号	步骤	操作及说明
1	导入 CAD 底图	打开 SU, 导入 CAD 图纸。注意 CAD 文件中的单位和 SU 中的是否一致。
2	地形处理	1）将导入的 CAD 线稿进行封面，封面可手动封面，也可使用相应插件辅助； 2）如场地有地形变化，根据需要选用相应的工具绘制出场地的地形。 （说明：如果是手动封面，必须将 CAD 中的线条全部描一遍，使每个区域形成一个面）
3	木平台和铺装	木平台和铺装贴图，注意颜色和大小的调整。
4	添加植物、构筑物、人物等	1）乔木和灌木可选用相应的植物组件放置在合适的位置，地被、草本植物可通过贴图赋予； 2）在合适位置放置构筑物、小品等，可以选择合适风格和造型的组件，也可以自己绘制； 3）在合适位置放置人物组件。 （说明：选择的乔木和灌木组件的高度要符合实际高度情况）
5	导出图纸	1）根据需要选择合适的视角和样式； 2）打开阴影工具，设置相应的地理位置、日期和时间； 3）出图可直接导出二维图像，或使用 VRay、Lumion 等渲染软件。
6	后期处理	根据需要可选择 PS 等图形编辑软件对导出的图纸进行后期处理。 （说明：后期插入的素材尺度要符合人的视觉习惯）

职业能力 8　绘制广场彩色剖立面图

【核心概念】

广场剖立面图是表达广场景观设施的相互位置、立面形状、名称、标高的垂直投影图。

【相关知识】

一、剖立面图

剖立面图是用假设的平行于景物的正面或侧面的铅垂面将场地剖切开所得的剖切断面的正投影图。根据平面图的剖切位置，找出剖断线，并画出轮廓线，再画出剖视方向的其他景观要素的立面投影，便可得到完整的剖面图。剖立面图能准确表达出地形垂直方向的形态，剖断线要用粗实线表现。

二、剖面图绘制要点

（1）选取最精彩的地方剖切；

（2）注意剖面符号和方向；

（3）轮廓线分出层次（剖断线最粗，可见主要景物轮廓线中等，其他细线）；

（4）用地周边环境要表现，适当弱化，做到主次分明；

（5）整体色彩配置和谐有层次；

（6）标注信息要到位（图名、比例、标高、名称）。

【案例教学】

江苏省镇江市西津渡玉山广场方案设计

【活动设计】

1. 场所：设计室
2. 工具：电脑（含 CAD、PS 软件）
3. 活动实施

表 2-8《绘制广场彩色剖立面图》活动实施表

序号	步骤	操作及说明
1	截取对应剖切位置的广场模型截面	1）打开广场 SU 模型，将模型的视角进行调整，确保导出图形都是无透视效果； 2）在 SU 左侧工具栏中，直接点击剖面框，然后在需要进行剖切的位置进行剖切框的绘制； 3）完成剖切绘制后，调整到对应的视图，直接导出二维图形。
2	绘制 PS 彩色剖面图	1）导入模型剖面图二维图形； 2）设置合适的分辨率和模式； 3）地形和环境填色或填充图案； 4）景观设施填色或填充图案； 5）提取植物素材，选取拖移，调色； 6）提取人物配景，选取拖移，调色； 7）加文字标注和标高，保存成图片文件。

职业能力 9　绘制广场局部效果图

【核心概念】

局部效果图：指通过建模来模拟现场的设计效果，主要体现主景区域的高程和立体效果。在鸟瞰图的模型基础上，选取主要区域重点放大表现，后期可通过 PS 再细化处理。

【案例教学】

江苏省镇江市西津渡玉山广场局部效果图

【活动设计】

1. 场所：设计室
2. 工具：电脑（含 CAD、SU、PS 软件）
3. 活动实施

表 2-9《绘制广场局部效果图》活动实施表

序号	步骤	操作及说明
1	提取区域	1）打开鸟瞰图 SU 草图模型； 2）选取主要的景观节点区域放大，调整合适视角，进一步调整或绘制细节； 3）打开阴影工具，设置相应的地理位置、日期和时间； 4）出图可直接导出二维图像，或使用 VRay、Lumion 等渲染软件。
2	后期处理	选择 PS 等图形编辑软件对导出的图纸进行后期处理。 （说明：后期插入的素材尺度要符合人的视觉习惯）

职业能力 10　绘制广场景观小品效果图

【核心概念】

景观小品：景观中的点睛之笔，一般体量较小、色彩单纯，对空间起点缀作用。包括雕塑、壁画、艺术装置、座椅、电话亭、指示牌、灯具、垃圾箱、健身、游戏设施、装饰灯等。

【相关知识】

一、景观小品设计原则

1. 功能满足

艺术品在设计中要考虑到功能因素，无论是在实用上还是在精神上，都要满足人们的需求，尤其是公共设施的艺术设计，它的功能设计是更为重要的部分，要以人为本，满足各类人群的需求，尤其是残疾人的特殊需求，体现人文关怀。

2. 个性特色

艺术品设计必须具有独特的个性，这不仅指设计师的个性，更包括该艺术品对它所处的区域环境的历史文化和时代特色的反映，吸取当地的艺术语言符号，采用当地的材料和制作工艺，产生具有一定的本土意识的环境艺术品设计。

3. 生态原则

一方面，节约节能，采用可再生材料来制作艺术品；另一方面，在作品的设计思想上引导和加强人们的生态保护观念。

4. 情感归宿

室外环境艺术品不仅带给人视觉上的美感，而且更具有意味深长的意义。好的环境艺术品注重地方传统，强调历史文脉，饱含了记忆、想象、体验和价值等因素，常常能够成独特的、引人神注的意境，使观者产生美好的联想，成为室外环境建设中的一个情感节点。

二、景观小品设计内容

1. 主从关系

采用对称的构图：政治性、纪念性和市政交通环境中的园林景观小品。

非对称构图：居住区环境或者商业步行街上的园林景观小品。

2. 对比关系

包括大小对比、强弱对比、质感对比、色彩对比、几何形状对比等。

3. 节奏与韵律

节奏是指物体的形、光、色、声等进行有规律的重复。韵律是指在节奏的基础上进行具有组织的变化。

4. 比例与尺度

比例是部分与部分之间、整体与局部之间、整体与周围环境之间的大小关系。尺度是物体的整体或局部给人感觉上大小印象和其真实大小之间的关系问题，和具体尺寸有着密切的关联。

5. 整体和细部

首先应对整个设计任务具有全面的构思和设想，树立明确的全局观，然后一步一步地由整体到细节逐步深入。

6. 单体和全局

单体是指单一小品形式。全局是指园林景观小品所处的整体环境。

7. 创意和表达

有了明确的创意和表达，才能有针对性地进行设计。

三、景观小品作用

环境艺术品是面向大众的审美态度，它的功能也是与大众需求分不开的，并对社会发展、区域环境产生积极的影响。室外环境艺术品的主要功能有以下几点：

1. 美化环境

景观设施与小品的艺术特性与审美效果，加强了景观环境的艺术氛围，创造了美的环境。

2. 标示区域

优秀的景观设施与小品具有特定区域的特征，是该地人文历史、民俗民情以及发展轨迹的反映。通过这些景观中的设施与小品可以提高区域的识别性。

3. 实用功能

景观小品尤其是景观设施，主要目的就是给游人提供在景观活动中所需要的生理、心理等各方面的服务，如休息、照明、观赏、导向、交通、健身等的需求。

4. 环境品质

通过这些艺术品和设施的设计来表现景观主题，可以引起人们对环境和生态以及各种社会问题的关注，产生一定的社会文化意义，改良景观的生态环境，提高环境艺术品位和思想境界，提升整体环境品质。

【案例教学】

江苏省镇江市西津渡玉山广场小品设计

【活动设计】

1. 场所：设计室
2. 工具：电脑（含 CAD、SU/3d Max、PS 软件）
3. 活动实施

表 2-10《绘制广场景观小品效果图》活动实施表

序号	步骤	操作及说明
1	绘制小品	打开 CAD 绘制小品三视图和结构图。
2	小品建模	打开 SU 或 3d Max，导入 CAD 文件，建草图模型，贴材质，加阴影，导出二维图像。
3	后期处理	选择 PS 等图形编辑软件对导出的图纸进行后期处理。 （说明：后期插入的素材尺度要符合人的视觉习惯）

职业能力 11　制作广场方案文本

【核心概念】

广场设计文本：指一套完整的广场方案设计图集，包括前期分析、总体设计和小品、植物、建筑、铺装等专项设计三部分。

【相关知识】

一、排版设计

亦称版面编排。所谓编排，即在有限的版面空间里，将版面构成要素：文字字体、图片图形、线条线框和颜色色块诸因素，根据特定内容的需要进行组合排列，并运用造型要素及形式原理，把构思与计划以视觉形式表达出来。也就是寻求艺术手段来正确地表现版面信息，是一种直觉性、创造性的活动。编排，是制造和建立有序版面的理想方式。

二、形式美法则

1. 对称与均衡

对称，即在画面中心画一条直线，以这条直线为轴，其上下或左右对称，也称均齐。对称具有一定的规律性，是统一的、正面的、偶数的、对生的。有庄重、大方、稳定之感。均衡，即在无形轴的左右或上下各方的形象不是完全相同，但从两者形体的质与量等确有雷同的感觉。均衡富有变化，具有一种活泼感，是侧面的、奇数的、互生的、不规则的。

2. 调和与对比

调和，是把两个相同性质不同量的物体，或把两种不同性质但相近似的物体并置在一起，给人以融合统一的舒适感觉。在艺术表现形式中，常常体现在形的统一、色的统一、主调的统一。对比，是当两种物体并置在一起时，其形感觉既不相同，又不相近，有明显的差异，形成明显的对照。通常表现为形的对比，色彩的对比，虚实、肌理等方面的对比。

3. 比例与尺度

比例，指在一个形体之内，将其各部分关系安排得体，如大小、高低、长短、宽窄等形成合理尺度关系。尺度，即标准，是设计中计量、评价等的基准。换而言之，尺度是设计对象的整体或局部与人的生理尺寸或人的某种特定标准间的计量关系。完美的设计形式离不开协调匀称的比例尺度。设计中常用的比例主要有黄金分割比和数列比。

4. 节奏与韵律

节奏，是根据反复、错综和转换、重叠原理，加以适度组织，使之产生高低、强弱的变化。通常表现为形、色、音的反复变化。有时表现为相间交错变化，有时表现为重复出现。韵律，是指节奏由周期性的相间与相重构成律动美感。常利用反复、渐变、放射的形式表现。

【案例教学】

江苏省镇江市西津渡玉山广场文本设计

【活动设计】

1. 场所：设计室
2. 工具：电脑（含 PS 软件）
3. 活动实施

表 2-11《制作广场设计文本》活动实施表

序号	步骤	操作及说明
1	文本整体排版	1）页面尺寸，排版方向（横版或竖版）； 2）选一个符合主题的图或图形做封面和装饰线； 3）设计整体色调，注意色彩搭配； 4）注意文字的字体、大小，以及分级变化； 5）插入页码； 6）导出 PDF 文件。
2	文本专项排版	1）放置专项图在合适的位置； 2）加文字和装饰线。

工作任务 2.4 广场绿地施工图设计

职业能力 12 编制施工图图纸目录

【核心概念】

编制施工图图纸目录：在施工图封面页之后，排列在一套施工图纸的最前面，以列表的形式列出一套广场绿地施工图（景施、水施、电施等）的图纸目录。

【相关知识】

图纸目录应准确表达图纸的顺序、名称、数量、图号、图幅等信息（表 2–12）。

表 2–12 图纸目录（部分）

序号	图纸名称	图号	规格	备注	序号	图纸名称	图号	规格	备注
1	图纸目录	景施 -01	A3		19	船型木平台三做法详图 02	景施 -3.4.1	A2	
2	施工说明	景施 -02	A1		20	木栈道做法详图	景施 -3.5	A2	
3	总图索引	景施 -1.1	A1		21	船型种植池做法详图 01	景施 -3.6	A2	
4	总图物料	景施 -1.2	A1		22	船型种植池做法详图 02	景施 -3.6.1	A2	
5	总图定位图 01	景施 -1.3	A1		23	剖面做法详图 01	景施 -3.7	A2	
6	总图定位图 02	景施 -1.3.1	A1		24	剖面做法详图 02	景施 -3.7.1	A2	
7	总图竖向图	景施 -1.4	A1		25	整石座凳做法详图	景施 -3.8	A2	
8	中心小岛物料图	景施 -2.1	A2		26	伏案女诗人小品详图	景施 -3.9	A2	
9	中心小岛定位图	景施 -2.1.1	A2		27	玉山小品做法详图	景施 -3.10	A2	
10	青石板拼接铺装详图	景施 -2.2	A2		28	景石做法详图	景施 -3.11	A2	
11	标准做法详图	景施 -3.1	A2		29	超岸寺重建小品做法详图	景施 -3.12	A2	
12	船型木平台一做法详图 01	景施 -3.2	A2		30	导视牌做法详图	景施 -3.13	A2	
13	船型木平台一做法详图 02	景施 -3.2.1	A2		31	龙王庙设伏做法详图	景施 -3.14	A2	
14	船型木平台一做法详图 03	景施 -3.2.2	A2		32	上木种植图	绿施 -1.1	A1	
15	船型木平台二做法详图 01	景施 -3.3	A2		33	下木种植图	绿施 -1.2	A1	
16	船型木平台二做法详图 02	景施 -3.3.1	A2		34	苗木表	绿施 -1.3	A1	
17	船型木平台二做法详图 03	景施 -3.3.2	A2		35	植物意向图	绿施 -1.4	A1	
18	船型木平台三做法详图 01	景施 -3.4	A2		36	排水总平面图	排水 -01	A2	

【活动设计】

1. 场所：设计室
2. 工具：电脑（含 CAD 软件）
3. 活动实施

表 2-13《编制施工图图纸目录》活动实施表

序号	步骤	操作及说明
1	绘制图框	可以是 CAD 自带图框，也可以根据要求自行设计图框。 图纸目录图幅的大小一般为 A3，根据实际情况也可用其他图幅。
2	列景施图纸目录	1）列土方说明详图图纸名称、编号、图幅； 2）列园林建筑详图图纸名称、编号、图幅； 3）列园凳详图图纸名称、编号、图幅； 4）列园林小品详图图纸名称、编号、图幅。
3	列绿施图纸目录	2）列种植索引图及苗木表图纸名称、编号、图幅； 2）列各段上木种植图图纸名称、编号、图幅； 3）列各段下木种植图图纸名称、编号、图幅。
4	列电施图纸目录	1）列照明施工说明及配电系统图图纸名称、编号、图幅； 2）列景观照明平面布置图图纸名称、编号、图幅。
5	列水施图纸目录	1）排水大样图纸名称、编号、图幅； 2）水景详图图纸名称、编号、图幅。

职业能力 13　编制苗木配置表

【核心概念】

苗木配置表：在园林植物种植设计图的基础上，编制项目所用的苗木统计表，含序号、图例、名称、规格（胸径、冠幅、高度等）、数量、单位等信息。

【相关知识】

参考项目一职业能力 9。

【案例教学】

江苏省镇江市西津渡玉山广场苗木配置表编制

【活动设计】

1. 场所：设计室
2. 工具：电脑（含 CAD 软件）
3. 活动实施

表 2-14《编制苗木配置表》活动实施表

序号	步骤	操作及说明
1	绘制乔木、大灌木总表	对编号、名称、规格（高度、冠径）、数量、备注等内容进行详细的列表。
2	绘制小灌木、草花总表	对编号、名称、规格（高度、冠径）、种植密度、数量、备注等内容进行详细的列表。

职业能力 14 绘制植物平面图

【核心概念】

植物平面图：表达植物在平面图中的位置、组合形状、名称、数量、大小等的水平投影图。

上木种植图：乔木、大灌木、竹类等上层植物种植设计图。

下木种植图：灌木丛、花卉、地被、水生等下层植物种植设计图。

【相关知识】

作为设计元素，植物景观类型同样具有诸如颜色、大小、质地、形状、空间尺度等要素特征，植物景观类型的选择与布局工作是基于植物景观类型的这些要素特征而不是构成植物景观类型的植物个体的要素特征，并遵循植物配置理论所述的设计原则与创作手法来设计创作的。

乔灌木植物配置基本形式：

（1）孤植：指单一栽植的孤立木，作为园林绿地空间的主景树、遮阴树、目标树等，主要表现单株树的形体美。

（2）对植：指用两株树按照一定的轴线关系作相互对称或均衡的种植方式，主要用于强调公园、建筑、道路、广场的入口，同时结合庇荫、休息，在空间构图上是作为配置用的。

（3）列植：指乔灌木按一定的株行距成排的种植，或在行内株距有变化。行列栽植形成的景观比较整齐、单纯、气势大。行列栽植是规则式园林绿地中应用最多的基本栽植形式。在自然式绿地中也可布置比较整形的局部。

（4）丛植：通常是由二株到十几株乔木或乔灌木组合种植而成的种植类型。树丛是园林绿地中重点布置的一种种植类型。它以反映树木群体美的综合形象为主，但这种群体美的形象又是通过个体之间的组合来体现的，彼此之间有统一的联系又有各自的变化，互相对比、互相衬托。

（5）群植：组成群植的单株树木数量一般在 20~30 株以上。树群所表现的主要为群体美，树群也像孤立树和树丛一样，是构图上的主景之一。因此树群应该布置在有足够距离的开阔场地上。树群主要立面的前方，至少在树群高度的 4 倍、树群宽度的 1.5 倍距离上，要留出空地，以便游人欣赏。树群的组合方式，最好采用郁闭式，成层的结合。

（6）林带：林带在园林中用途很广，可屏障视线，分隔园林空间，可做背景，可遮荫，还可防风、防尘、防噪声等。自然式林带内，树木栽植不能成行成排，各树木之间的栽植距离也要各不相等，天际线要起伏变化，外缘要曲折。林带构图中要有主调、基调和配调，要有变化和节奏，主调要随季节交替而交替。

（7）绿篱：由灌木或小乔木以近距离的株行距密植，栽成单行或双行，紧密结合的规则的种植形式，称为绿篱或绿墙。绿篱主要起到范围与围护、分隔空间和屏障视线的作用。

【案例教学】

江苏省镇江市西津渡玉山广场施工图设计

【活动设计】

1. 场所：设计室
2. 工具：电脑（含 CAD、PS 软件）
3. 活动实施

表 2-15《绘制植物平面图》活动实施表

序号	步骤	操作及说明
1	绘制彩色种植平面图	1）在 PS 中打开图片格式底图； 2）选择植物平面图例，根据冠径大小缩放。
2	绘制上木种植图	1）在 CAD 中打开设计底图； 2）确定种植风格和样式，绘制植物种植区的上木图例； 3）标注上木名称。
3	绘制下木种植图	1）在 CAD 中打开设计底图； 2）确定种植风格和样式，绘制植物种植区的下木图例； 3）标注下木名称。

职业能力 15　绘制铺装物料图和铺装结构详图

【核心概念】

铺装物料图：表达场地所用的铺装材料的名称、规格、色彩、位置和样式。

铺装结构详图：表示铺装剖切后各层的内部结构，体现材料、厚度和工艺。

【相关知识】

一、园林铺装的要求

首先，要满足功能要求，要坚固、平稳、耐磨、防滑和易于清扫。其次，要满足园林在丰富景色、引导游览和便于识别方向的要求。第三，还应服从整个园林的造景艺术，力求做到功能与艺术的统一。

二、常见的园林路面铺装类型

整体铺装：用材料整体浇筑的铺装方式，常见的有水泥混凝土和沥青混凝土。

块料铺装：用各种天然块石或各种预制块料铺筑的铺装方式。

粒料和碎料铺装：用各种碎石、瓦片、卵石等组成的铺装方式。

【案例教学】

江苏省镇江市西津渡玉山广场施工图设计

【活动设计】

1. 场所：设计室
2. 工具：电脑（含 CAD 等软件）
3. 活动实施

表 2-16《绘制铺装物料图和铺装结构详图》活动实施表

序号	步骤	操作及说明
1	绘制铺装平面图	在 CAD 中对铺装的平面尺寸、纹样及材料等进行详细表达。
2	标明铺装物料	对应文字标注出铺装的名称、颜色、规格、工艺等。
3	铺装结构详图	1）对应剖切符号画出剖面图或断面图； 2）标明铺装每一层的结构，含材料、规格、尺寸、工艺等； 3）标清图名，布局导出图纸。

3 项目三

居住区绿地设计

人居风景里，心泊幸福中

【学习目标】

1. 知识目标

（1）能阐述居住区绿地的概念及不同风格的居住区绿地特点；

（2）能阐述居住区绿地设计专用术语；

（3）能阐述各类居住区绿地的设计要点；

（4）能阐述居住区绿地的功能分区及各区的设计要点；

（5）能阐述居住区绿地植物设计要点。

2. 能力目标

（1）能遵循居住区绿地现有场地元素绘制现状分析图；

（2）能绘制居住区绿地总平面图；

（3）能绘制居住区绿地规划设计方案分析图；

（4）能绘制居住区绿地鸟瞰图及局部效果图；

（5）能绘制居住区绿地植物种植施工图。

3. 素养目标

（1）能按照制图规范标准制图；

（2）能遵守国家和地方关于城市道路绿地设计的相关规范；

（3）具备勤于思考、善于动手、勇于创新的精神；

（4）具有团队合作精神。

工作任务 3.1 居住区场地前期分析

职业能力 1 基地资料记录与分析

【核心概念】

居住区：指城市中在空间上相对独立的各种类型和各种规模的生活居住用地的统称，包括居住区、居住小区、居住组团等。

居住区基地资料记录与分析：在居住区景观设计前进行的场地现状的调研、测量和记录，形成基地现状图和分析文字，收集现状照片，方便设计师随时查阅和比照。着重培养现状调研能力、沟通能力、观察能力、草图绘制能力。

【相关知识】

收集和分析地块的基础资料，是提高居住区规划设计质量的主要手段。在对某地块进行规划设计前，应充分掌握基地基础资料，对场地现状、周围环境进行深入分析研究，了解委托方和居住者的使用需求，以此为根据，提出良好的居住区规划设计方案。

一、场地调研内容

1. 基地现场条件

1）居住区总体规划

小区总体规划与设计是景观设计中最基本的依据，也是景观设计的平台，合理的小区总体规划将为居住区留出合理的中心绿地、宅间绿地等。

景观设计的内容和指标都要在小区总体规划规定的范围内来确定。总体规划建筑与道路的布局形态决定和制约了居住园林景观的布局与形态。总体规划对项目风格也有界定，根据不同项目的不同受众，开发商和策划方会赋予项目一种适合特定消费人群年龄及心理特征的产品风格。产品风格则包括建筑风格、景观风格以及项目的整体视觉形象等。项目风格的定位决定着居住区景观设计的方向，设计者必须在定位的风格基础上予以整合、升华，而不是照搬照套。在风格上，景观应沿袭建筑的特色，保持建筑立面上的某些元素，使景观与建筑融为一个整体。

2）自然条件

居住区所在区域的自然条件和特征包括：地形、地质、水温、气象、植物等。自然环境要素是居住区设计基础数据和资料，是设计中尊重生态环境的依据和前提。

3）历史文化环境因素

文化是人们长期形成的社会现象，也是一种历史的积淀物。在岁月的长河中，人类文化以各种形式留存于城市、聚落及建筑中。通过对地域居住文化、生活方式、风俗习惯的研究深入理解和体会，再通过实地调研，考察居民的居住需求，在设计中提出符合当地居民心理认同的居住形态。

2. 人的需求分析

1）委托方要求

委托方的要求在设计中需要首先加以尊重。除了设计任务书中的要求外，还要认真倾听委托方口头表述的设计想法。设计师最好能找到机会与委托方设计决策者直接交流，了解其意图甚至其个人喜好，这样在设计中能少走很多弯路。

2）使用者的需要

居住区景观最终是为居民而设计的，要考虑居民的室外活动需求，如晨练、跳舞、集会、打牌、下棋、健身、运动、游戏、闲聊、读书、看报等，应该根据居民的这些需求布置适当的活动设施，主要内容如下所述：

多功能活动广场：可以在组团绿地中集中安排较大场地，供居民晨练、跳舞、轮滑、看露天电影以及其他各类社区活动等。广场的铺装要平整，面积要大，以方便居民活动。夜间照明应充足，一般应在广场周边设置较高、功率较大的广场照明灯具。

儿童游戏场：安排各类游戏活动区域，如沙坑、涂鸦墙、游戏攀爬墙、滑梯、秋千等，以供不同年龄层次的孩子们玩乐。需要说明的是，由于孩子尤其是低龄幼儿通常需要家长陪同，所以成年人交谈、休憩的场所一般设在游戏场边，这样孩子可以在游戏场集中玩耍，大人们可以在旁边闲聊、谈心。

老年人活动场地：可以适当安排场地及一些休息桌椅以满足老年人遛鸟、唱戏、下棋、锻炼、聊天、晒太阳等较为常见的活动内容。老人与孩子由于闲暇时间较多，对于居住区景观设施的利用频率较高，因此在居住区景观设计中要给予他们更多的关注。

健身运动场地：安排场地并设置一些健身活动器材。较大型的社区还可以设置游泳池、篮球场、网球场、羽毛球场、门球场等，如有条件，还可以结合架空层设置乒乓球场。

小型休憩空间：可以结合组团绿地或宅间绿地设计。一些小型休憩空间，可布设休息座椅、景观亭廊等，以满足居民安静休息的需求。

二、场地调研的成果

调研搜集资料后要进行整理分析，为居住区规划提供依据。在不同的项目中，影响规划设计的主导因素各有不同。在项目初期，必须明确影响设计的主导因素。

在各个阶段，应该完成区位分析图、现状分析图等，并用文字或图纸的方式加以表达。

【案例教学】

江苏省句容市浦溪花园居住区绿地基地资料记录与分析

【活动设计】

1. 场所：句容市浦溪花园
2. 工具：测量工具（卷尺、手持 GPS）、铅笔、黑水笔、速记本等
3. 活动实施

表 3-1《基地资料记录与分析》活动实施表

序号	步骤	操作及说明
1	准备设计底图	1）如果甲方能提供原始平面图，学生需要现场测绘，记录尺寸； 2）如果业主没有原始平面图，学生需要先绘制平面草图，再进行测绘，记录尺寸。
2	拍摄现场照片	方便在设计时回忆场地特征，为后期效果图的制作提供背景图像。
3	场地调查与分析	1）在设计底图上标注基地的尺寸、凸出地面的设施及隐藏于地下的管线及各类设施； 2）土质情况的测量和记录； 3）地下水质情况的测量和记录； 4）现状地形高差的测量和记录； 5）现状的大树种类、位置和其他植物品种记录。

工作任务 3.2 居住区绿地设计构思与方案推敲

职业能力 2　收集居住区绿地设计优秀案例

【核心概念】

相关案例的搜集与整理：在方案设计前，搜集居住区绿地设计典型案例，通过对典型案例的剖析，以期对接下来的本案设计提供思路和帮助。

【相关知识】

参考项目一职业能力 2。

【案例教学】

相关案例收集（广东省佛山市中海云麓公馆）

【活动设计】

1. 场所：设计室
2. 工具：电脑（含 CAD、PS 软件）
3. 活动实施

表 3-2《收集居住区绿地设计优秀案例》活动实施表

序号	步骤	操作及说明
1	收集相关设计案例	通过各种途径收集优秀案例，注意搜集的案例与本案的关联性及代表性。
2	剖析案例	用图文的形式剖析收集的案例对本案可借鉴的经验。

职业能力 3　居住区绿地设计构思

【核心概念】

居住区绿地设计构思：通过前期的基地现状分析及优秀案例的剖析，并结合居住区的特点和甲方的要求与预算，确定本居住区绿地设计的主题及思路。

【相关知识】

一、居住区绿地设计构思来源

一般来说，居住区景观立意构思的来源众多，以下为常见的构思来源：

1. 根据居住区规划与策划来进行立意构思

这是最常见的立意构思做法。事实上，在很多居住小区景观设计之前，往往规划与策划先行，作为小区景观设计的上位规划，已经给小区景观框定了大体的方向、定位、风格调子与主题，景观设计就是在这些框定内容下所进行的一些具体的形象深化与表现。

2. 根据居住区所在地区文化背景进行立意构思

不同地区的人们具有不同的生活习惯和文化语境，居住区景观设计可以针对不同地方的地域特征进行构思与景点设置，从而设计出特色鲜明的绿地景观。

3. 对居住区的人文要素、自然要素等进行提炼从而形成立意构思

景观设计以意立景，以景生情，激发住户的“审美快感”，并在景观这一“感应场”里“触景生情”“情景交融”。但居住区景观设计不同于一般城市公众性的景观设计，它服务的对象基本上是居住区的居民，更接近居民的日常生活。因此居住区景观设计要做到以人为本，其立意与主题要紧扣居住区的主人。立意要表现出对居民的尊重，重视他们真实的本性和需求，尽量满足他们身体的、思想的和精神的需要，引起居民的情感共鸣。

二、居住区绿地设计原则

1. 整体性原则

居住区绿地设计必须从整体上予以考虑，首先根据居住区总体特征确定绿地设计的主题与景观特色，绿地景观应该与居住区规划、建筑设计理念融为一体，在布局形式，形体线条、符号应用、色彩应用甚至材料的选择上都要和主题风格相互呼应，由此形成居住区独特的、鲜明的整体风格；其次，布局上从系统的角度考虑绿地的层次性与共享性，不同层次绿地合理布局，形成由“居住区—小区—组团—宅旁”四级绿地构成的完整系统，并使绿地能被所有居民共同享用；最后，绿地景观空间分布得当，尺度合理，有机组合，形成结构合理的整体系统。

总之，整体性原则要求将绿地的主题风格与居住总体特征相呼应，从自然、文化、艺术因素和居民的行为和心理需求等方面，综合考虑绿地布局与景观空间特点，形成多层次、多功能、序列性的布局，建立一个具有整体性的系统，为居民创造优美、舒适、富有人情味的生活环境。

2. 人本性原则

居住区绿地是保障居民生活质量的一个重要因素，规划设计必须从人们的行为需求、生活方式、文化品位等入手，为居民提供功能合理且人性化的活动设施和景观。

①居住区绿地要满足居民行为的需求，根据户外休闲需要设置各种活动、休息场地。既有较为私密的小型空间，作为静坐、休息场所；又有相对集中的开敞空间，作为交往、活动场所；还有针对群体活动的多重需求设置的综合功能空间，为人们创造公共性、私密性兼备的活动空

间。如公共绿地中的多功能广场，以开敞的中心空间为主体，周围设置幽静的林地休息空间，动静结合。又如将各功能空间联系起来，在儿童活动场地旁边设置休息场地，让老人休息的同时又能照看游戏的孩子。并且，这些场地的布置还要考虑不同年龄居民在距离、时间、体力因素上的特点，选址于居民方便到达的地方。

②绿地要满足人的心理需求，如居民对居住环境的基本心理需求包括舒适性和归属感等，在游憩时对空间的私密性要求也不同，故设计要尊重居民的生活理念，体现温馨的邻里关系，提供相应的环境气氛，协调人与人、人与环境等的互动关系，可以通过景观空间的形式、色彩、质感等满足居民不同的心理需求，让居民体验轻松、安逸的居住生活。

3. 地域性原则

居住区绿地是其所在城市环境的一个组成部分，对创造城市的景观形象有着重要的作用，我国幅员辽阔，区域自然和文化特征相去甚远，居住区绿地设计要注重城市肌理，充分体现城市的自然环境特点和传统文化脉络，从而创造出居住区绿地的地域特色，这种特色来自对当地的气候、环境、自然条件、历史、文化、艺术的尊重与发掘，是通过对当地居住生活规律的分析，对地方自然条件、历史人文的系统研究，将地区自然和文化特征提炼上升到一个新的层次而创造出来的一种与当地居住生活紧密交融的特征。

4. 艺术性原则

居住区绿地反映了一定的审美趋向，人们对环境的需求已从单纯的功能性需求提升至更高层面的艺术需求，需要用艺术的手法提升居住景观的品位和格调。居住区绿地规划设计通过对城市和基地的自然环境、文化传统、建筑风格以及居民的生活方式、审美心理、生活情趣等要素的分析，提炼其精华，并用艺术的手法将其在绿地中表达出来，从而将物质层面的规划设计升华至艺术层面，使人们真正"诗意地栖居"在城市之中。

居住区绿地艺术的表达方式，主要体现在空间氛围营造和景观、小品、设施、植物等具象要素的景观效果上。就艺术风格而言，不拘一格，或表达现代都市抽象艺术，或追寻乡土自然气息，均依据居住区绿地的立意而定。如现代主题风格多以几何构成手法和流畅的曲线形态布局，景观设计讲求图案和色彩的构成美，通过强烈的视觉感染力来打动人心；而乡土气息的营造多用自然山水、曲折小径、葱郁的绿化来实现，通过亲切宜人的环境来吸引游人。

5. 生态性原则

居住区绿地设计要在充分尊重生态规律的前提下，发挥主观能动性，以植物造景为主，结合硬质景观进行布局，居住区绿地虽然规模较小，但也应起到保护生物多样性、维护城市生态平衡的作用。

①做好对原有山水、植被等自然要素的保护和利用，自然环境为绿地建设奠定了良好的基础，对地势的利用、水系的改造、树木的保留要因势利导，创造具有特色的环境空间，对基地内的山水、植被可以直接保留利用；对周围环境的自然要素则可间接利用，或借远方山水，或就近将湖水或溪流引入居住区，增强建筑与绿地的亲水性。

②在充分尊重自然的前提下，发挥主观能动性，合理规划设计符合生态规律的绿地景观，使自然与人工的结合达到"天人合一"的境界，形成整体有序、协调共生的良性生态系统，如植物配置应该以生态科学和园林美学原理为依据，利用植物群落生态结构规律，结合艺术构图原理进行植物配置，模拟自然生态环境，创造具有美感的复层结构植物组群，达到良好的景观效果。

6. 安全性原则

随着生活水平的提高，人们对居住环境的要求也越来越高，居住区内道路交通与游憩服务设施的安全性越来越引起人们的重视，因此，在居住区绿地规划设计中，要特别重视环境、设施的安全性和使用的舒适性。如小区采用人车分流的交通方式，避免人与车的矛盾，从而获得安全感；又如水池的深度和栏杆的设置、游戏设施的安全防护、无障碍设计的要求，这些都涉及安全的问题，在绿地设计中应该予以充分地重视。

【案例教学】

江苏省句容市浦溪花园设计构思

【活动设计】

1. 场所：设计室或制图室
2. 工具：铅笔、钢笔、针管笔、水彩、水粉、彩铅等，图纸或电脑（含 CAD、PS、SU 软件）
3. 活动实施

表 3–3《居住区绿地设计构思》活动实施表

序号	步骤	操作及说明
1	提炼设计主题	从地理、文脉、气候、历史、宗教等方面提炼设计的主题思想。
2	呈现设计主题	草图法、模仿法、联想法、奇特构思法。
3	勾勒草图	草图方案构思的三个步骤： 1）一草：项目认知环境（场地现状环境、周围环境、建筑环境），推敲功能和交通； 2）二草：深化推敲，确定具体的空间大小，形式和主要景点； 3）三草：深化推敲，各景观元素（植物、铺装、景观构筑物和小品、形式）。

工作任务 3.3 居住区绿地设计

职业能力 4 绘制居住区总平面图和分区平面图

【核心概念】

总平面图：按一般规定比例绘制，表示建筑物、构筑物的方位、间距以及道路网、绿化、竖向布置和基地临界情况等；表示整个建筑基地的总体布局，具体表达新建房屋的位置、朝向以及周围环境（原有建筑、交通道路、绿化、地形等）基本情况的图样。

分区平面图：在总平面图的基础上，按功能分区将每个功能区单独截取出来绘制更加详细的景观细节。

【相关知识】

《城市绿地分类标准 CJJ/T 85–2017》将“居住区公园”和“小区游园”归属为“公园绿地”，在城市绿地指标统计时不得作为“居住绿地”重复计算。

因此，居住绿地应是城市居住用地内除去居住区公园以外的绿地，包括：组团绿地、宅旁绿地、道路绿地、配套公建绿地。

在绘制居住区总平面图和分区平面图时，要遵循各类居住区绿地设计要点。

一、组团绿地

在居住区中一般 6~8 栋居民楼为一个组团，组团绿地是直接靠近住宅的公共绿地，通常是结合居住建筑组群及老人、青少年及儿童活动场地布置，为组团内居民提供室外活动、邻里交往、儿童游戏、老人聚集等良好室外条件的绿地，集中反映小区绿地质量水平，易于形成“家家开窗能见绿，人人出门可踏青”的富有生活情趣的居住环境。组团绿地的设置应满足有不少于 1/3 的绿地面积在标准的建筑日照阴影线范围之外的要求，并便于设置儿童游戏设施和老人休憩场所。绿化面积（含水面）不宜小于 70%。

组团绿地通常有以下几种平面构图形式：

（1）规则对称式：游园具有明显的中轴线，沿中轴线组织景观序列，以有规律的几何图形对称布局。优点是外观整齐一致，易与周围建筑协调。缺点是缺少层次和空间变化，处理不当会给人呆板的感觉。

（2）规则不对称式：采用直线构图，形式规整、布局均衡但不对称，可以根据功能组合成不同的休闲空间。

（3）自然式布局：结合地形，自然布置。内部道路弯曲延伸，植物自然式种植，结合环境点缀山石、雕塑等园林小品。

（4）混合式布局：规则式与自然式相结合的一种布局形式。这种布局较灵活，不拘形式，内容丰富。但要游园的面积较大，并能组织成几个空间，各个空间根据周边环境和自身要求，分别采用不同的构图形式，空间之间过渡要巧妙。

二、宅间绿地

宅间绿地属于居住建筑用地的一部分，指居住建筑四旁的绿化用地及居民庭院绿地，包括住宅前后及两栋住宅之间的绿地，遍及整个住宅区，和居民的日常生活有密切关系，是居住区绿地中重要的组成部分。在居住小区用地平衡表中，只反映公共绿地的面积与百分比，宅间绿地面积不计入公共绿地指标，而一般宅间绿化面积比公共绿地面积指标大 2~3 倍，人均绿地可达 4~6m^2。宅旁绿地是住宅内部空间的延续和补充，与居民日常生活息息相关。结合绿地可开展儿童林间嬉戏、品茗弈棋、邻里交往以及晾晒衣物等各种活动，使邻里乡亲密切了人际关系，具有浓厚的生活气息，可较大程度地缓解现代住宅单元楼的封闭隔离感，可协调以家庭为单位的私密性和以宅间绿地为纽带的社会交往活动。宅间绿地设计有以下要点：

（1）绿化布局和树种的选择要体现多样化，以丰富绿化面貌。行列式住宅容易造成单调感，相同的住宅甚至不易辨认，因此可以选择不同的树种、不同的布置方式，成为识别的标志，起到区别不同行列、不同住宅单元的作用。

（2）住宅周围常因建筑物的遮挡造成大面积的阴影，树种选择上受到一定的限制，因此要注意耐阴树种的选择，以确保阴影部位良好的绿化效果，可选用桃叶珊瑚、罗汉松、十大功劳、金丝桃、金丝梅、珍珠梅、绣球等灌木以及玉簪、紫萼、书带草等宿根花卉。

（3）住宅附近管线比较密集，因此绿地内的乔木、灌木要选择适当的树种（一般不宜选择深根性树种和根系侵略性很强的植物，如竹类），且栽植时与管线及工程构筑物应保持足够的距离，以免相互影响，造成后患。

（4）树木的配植应以不影响住宅的通风、采光为准则，尤其是南向窗（或门）前应尽量避免栽植乔木，特别是常绿乔木，在冬天由于常绿树木的遮挡，室内晒不到太阳而有阴冷之感，是不可取的，因此，乔木栽植应距住宅楼南面的门窗 5~8m 以上，距住宅楼其他方向 3~4m 以上；大中型灌木栽植应距住宅楼 1.5~2m 以上。

（5）绿化布置要注意尺度感，以免由于树种选择不当而造成拥挤、狭窄的感觉，树木的高度、行数、大小要与庭院的面积、建筑间距、层数相适应。需要特别指出的是，树种的选择还要注意树木生长速度的影响，以免因为树木生长速度的不同而破坏原有（或设计预期）的景观效果。

（6）宅旁绿地应设计方便居民行走及滞留的适量硬质铺地，并配植耐践踏的草坪。除了活动用的铺装场地以外，其他地面都应尽可能地布置绿化或用草坪铺设，减少尘土飞扬，保证环境卫生。

三、居住区道路绿地

居住区内道路一般可分为：居住区级道路、小区级道路、组团级道路和宅间小路 4 级。

居住区级道路主要解决居住区内外主要交通联系，宽度最大，一般道路红线宽度不低于 20m，车行道宽度不低于 9m；居住小区级道路主要解决居住区内部交通联系，其红线宽度一般为 10~14m，车行道宽度 6~9m；居住组团级道路主要解决住宅群之间的交通联系，车行道宽度为 4~6m；宅间小路是各个单元联系的道路，宽度一般不低于 2.5m。除了以上 4 级道路外，居住区内还有步行专用道路，宽度根据具体要求而定。

1. 居住区级道路绿地

居住区级道路是居住区的干道，是联系各小区及居住区内外的主要道路，车行比较频繁。路面宽阔，应选用体态雄伟，树冠宽阔的乔木，使主干道绿树成荫。在人行道和居住建筑之间可多行列植或丛植乔灌木，用乔木、灌木、草本植物形成多层次复合的带状绿地，或结合建筑山墙，路边空地采取自然式种植，通过绿化隔离减少道路对住宅环境的影响。

居住区绿地设计中，行道树的栽植要考虑行人的遮阳与车辆交通的安全，在交叉口及转弯处要留有安全视距，树种选择分支点高的落叶乔木。人行道绿带可用耐阴花灌木和草本花卉种植形成花境，借以丰富道路景观。

2. 小区级道路绿地

居住小区级道路是居住区的次干道，是联系居住区主干道和小区内各住宅组团之间的道路，使用功能以行人为主，通车次之，也是居民散步之地。

绿化布置应着重考虑居民观赏、游憩需要。树种选择上可以丰富多彩、配置生动活泼，应多选用一些开花树种或者秋季变色树种；每条道路选择不同树种，采用不同断面种植形式，使其各有个性，还可用树种名称给道路命名，便于行人识别方向和道路。

3. 居住组团道路绿地

居住组团道路是居住区的支路，是联系居住区次干道和宅前小路的道路，绿化与建筑关系较为密切。以行人交通为主，仅在必要时有消防、救护、搬运车通行。道路绿化一般与组团绿地结合整体考虑。如果有尽端式回车场，应结合绿地布置成活动场地。

4. 宅间小路绿地

宅间小路是通向住宅单元入口的道路，使用功能以行人为主。道路一般与宅间绿地布置成一整体，在小路交叉口、住宅入口处可以适当拓宽，布置成休息场地。对于行列式住宅各条小路，绿化形式应多样化，形成不同景观，提高识别性。

相关材料

【案例教学】

江苏省句容市浦溪花园总平面图绘制

【活动设计】

1. 场所：设计室
2. 工具：电脑（含 CAD、PS 软件）
3. 活动实施

表 3-4《绘制居住区总平面图和分区平面图》活动实施表

序号	步骤	操作及说明
1	准备底图	1）在 CAD 中打开设计底图，关闭不需要的图层。 2）打印图纸：选择打印机“DWG to PDF”；图纸尺寸 ISO A3“420*297mm”。打印范围“窗口”，选择打印区域；打印样式“黑白打印”；确定保存。 （说明：创建黑白打印样式：创建新打印样式，命名为“黑白打印”；选择“黑白打印样式”，找到设置，将颜色全选，特性中选择黑色即可。如果对打印线宽有要求，也可在此处设置）
2	绘制总平面图	1）打开导出的 PDF 文件；新建图层命名为“白色底图”，填充白色；将该图层顺序调整至最下方。 2）新建图层命名为“绿地”，选择合适的绿色，使用油漆桶工具填充绿地区域；双击图层，选择图案叠加，选择草地纹理，滑动缩放可调节纹理大小；利用图像－调整中的“亮度/对比度”“曲线”“色彩平衡”“色相/饱和度”等工具，调整草地颜色至预期效果。 3）同理绘制道路、广场、水面等元素。 4）选择合适的素材添加植物、亭子、人物、车辆等配景；双击图层，设置投影。 5）同时按住“Shift+Ctrl+Alt+E”给所有图层盖章，利用图像调整中的工具调整整体效果。 （说明：注意平面图整体的效果，使用的素材需要对其色相、亮度等反复调整，使其相互协调，才能达到预期效果）
3	标注	1）风玫瑰、指北针；2）图名、比例；3）文字标注； 4）文字说明；5）图例。
4	绘制分区平面图	1）在总平面图中分别截取出各功能分区平面图，并放大至合适的比例； 2）在分区平面图上绘制更详细的标注。

职业能力 5　绘制居住区绿地交通分析图

【核心概念】

交通分析图：通过前期的场地分析，确定居住区主次入口、地下车库出入口、停车位等的位置，根据使用需求对道路等级进行划分，并通过 PS 等软件在灰底的总平面图上用不同的符号表达出来。

【相关知识】

居住区道路的布置需要考虑诸多影响因素，如居住区规模的大小、居民出行的交通方式、交通流量的大小以及市政管线铺设等。居民出行的交通方式根据采用的交通工具可分为机动车交通、非机动车交通和步行交通三种。根据交通类型可分为：居民上下班、上下学的通勤性交通，购物、娱乐、消遣、交往等的生活性交通，消防、救护等的应急性交通，以及垃圾清运、搬家、货物运送、邮件投递等的服务性交通。

一、居住区道路交通组织

居住区交通的组织方式可分为人车分行与人车混行两种形式。

在人车分行的居住区(或居住小区)交通组织体系中，车行交通与步行交通互不干扰，车行道与步行道在住区中各自独立形成完整的道路系统，此时的步行道往往具有交通和休闲双重功能。

在人车混行的居住区(或居住小区)交通组织体系中，车行道几乎负担了居住区(居住小区)内外联系的所有交通功能，步行道则多作为各类绿地和户外活动场地的内部道路和局部联系道路，更多地具有休闲功能。

二、居住区道路设计

1. 设计原则

①顺而不穿，保持居民生活完整与舒适。

吻合居民通勤交通主要流向，避免产生逆向交通流；道路线形设计尽可能顺畅；防止不必要的交通穿行或进入住宅区；使居民通行安全、便捷到达目的地，避免穿行。

②分级布置，逐级衔接，保证住宅区交通安全、环境安静以及居住空间领域的完整。

根据道路所在位置、空间性质和服务入口，确定其性质、等级、宽度和断面形式，不同等级的道路应该尽可能地做到逐级衔接。

③因地制宜，使住宅区的路网布局合理、建设经济。

根据基地形状、地形、人口规模、居民需求和居民行为轨迹规划，在满足交通功能的前提下，尽可能地用最低限度的道路长度和道路用地。

④功能复合化，营造人性化的街道空间。

街道空间包括各类服务设施集中地段的生活性道路，具备适宜位置、好通达性、丰富而有特色的景观、舒适的空间比例与尺度等街道要素。

⑤空间结构整合化，构筑方便、系统、丰富和整体的居住区交通、空间、景观网络。

将住宅、服务设施、绿地等区内外的设施联系为一个整体，并使其成为属于其所在地区或城市的有机部分。

⑥避免影响城市交通。

避免在城市的主要交通干道口设出入口或控制出入口的数量或位置，并避免居住区的出入口靠近道路交叉口位置。

⑦关注交通的通达性。

包括上下班（学）、公交路点位置与距离、购物交通便捷、自行车停车场位置与距离、宅门到城市道路距离、消防救护救灾通道、人车分流、安全性。

2. 布置形式

居住小区内部道路的布置形式有环通式、半环式、尽端式、混合式等形式。这些形式的运用必须符合功能要求，与用地结构相结合。环通式是使小区主路在区内形成环形道路，并通过几个出口与外部道路相联系，其优点是交通组织便捷，线形规则，但由于这种线形连通各组团，因此对组团的相对封闭性产生了一定的影响，增加了过境交通。半环式是以半环形道路穿越小区，道路两头分别与外部道路相联系。尽端式是从外部道路以单线型的道路形式伸向小区内部，并停止于小区内部、尽端路之间没有联系，给人以幽闭的不舒适感觉。混合式是将上述多种形式结合使用的形式。

三、消防通道

1. 消防车道布置

①多层住宅的居住区、小区内宜设消防车道，车道宽度不应小于 3.5m，转弯半径不应小于 9m。高层建筑的四周应设有环形消防车道，车道宽度不应小于 4.0m，转弯半径不应小于 12m。当设环形车道确有困难时，高层商住楼、一类高层住宅应沿建筑的两个长边设置消防车道；二类高层住宅可沿建筑的一个长边布置消防车道。

②当高层建筑的沿街长度超过 150m 或总长度超过 220m 时，应在适中位置设置穿过高层建筑的消防车道。高层建筑应设有连通街道和内院的人行通道，通道之间的距离不宜超过 80m。高层建筑的内院或天井，当其短边长度超过 24m 时，宜设有进入内院或天井的消防车道。

③供消防车取水的天然水源和消防水池，应设消防车道。

④消防车道的宽度不应小于 4.0m。消防车道距高层建筑外墙宜大于 5.0m，消防车道上空 4.0m 以下范围内不应有障碍物。

⑤尽头式消防车道应设有回车道或回车场，回车场不宜小于 15m × 15m。大型消防车的回车场不宜小于 18m × 18m。

⑥穿过高层建筑的消防车道，其净宽和净空高度均不应小于 4m。消防车道与高层建筑之间，不应设置妨碍登高消防车操作的树木、架空管线等。

2. 消防登高面与登高场地

消防登高面又叫高层建筑消防登高面，消防平台是登高消防车靠近高层主体建筑，开展消防车登高作业以及消防队员进入高层建筑内部，抢救被困人员、扑救火灾的建筑立面。

①高层的塔式建筑可留 1/4 周边作为消防登高立面，其他高层建筑至少应留有一长边。消防登高立面应有楼梯间或住户的室内阳台、主窗。

②若登高面一侧的裙房，其建筑高度不大于 5m，且进深不大于 4m，仍可作为消防登高面。

③消防登高立面不宜设置大面积的玻璃幕墙。

在火灾发生时，通常需要使用登高消防车进行救人和灭火作业，此时要提供登高消防车停靠和登高作业用的场地，称为消防登高场地（消防登高车作业场地）。

登高场地可结合消防车道布置，与建筑外墙的距离不宜小于 5m，应在其登高面一侧整边布置 8m 宽的登高场地，设有坡道的消防登高场地，其坡道坡度不应大于 15%。利用市政道路作为消防登高场地，其绿化、架空线路、电车网架等设施不得影响消防车的停靠、操作。

上面所说的布置确有困难时，可在其登高面范围内确定一块或若干块消防登高场地，其最外一点至消防登高面的边缘的水平距离不应大于 10m，登高场地面积不应小于 15m × 8m（长 × 宽），15m 左右的长度是登高消防车的长度，宽度一般要求是 8m。但现在也有很多登高车的宽度（加上支腿）超过 8m，甚至达到 12m。登高场地可以设在消防车道上。这也是通常的做法，登高消防车要在这个场地停靠和工作。

相关图片

【案例教学】

江苏省句容市浦溪花园交通分析图绘制

【活动设计】

1. 场所：设计室
2. 工具：电脑（含 CAD、PS 软件）
3. 活动实施

表 3-5《绘制居住区绿地交通分析图》活动实施表

序号	步骤	操作及说明
1	确定居住区出入口	根据场地特点和使用需求，确定居住区主次入口和地下车库出入口的位置。
2	划分道路等级	根据使用需求，划分出主道路、次道路、步行道等不同等级的道路，预留消防通道
3	绘制居住区交通分析图	1）在 PS 中打开居住区绿地设计总平面图，并进行黑白处理，可适当降低底图图层的不透明度。 2）新建路径，命名为市政道路，用钢笔工具描绘出市政道路。同理描绘出车行道、人行道、主要园区道路、次要园区道路、居住区入口、车库入口等。 3）使用画笔工具，调整合适的画笔大小，调色板选取蓝色；新建图层，命名为“市政道路”；选择“市政道路”路径，点击“用画笔描边路径”，即完成市政道路绘制。同理绘制出车行道、人行道、主要园区道路、次要园区道路等。 4）选择需要的颜色，选择“居住区入口”路径，点击“填充路径”，即完成居住区入口的绘制。同理绘制出车库入口、入户方向等。 5）绘制图例：运用上述方法绘制相应的图例；使用文字工具输入相应的名称，即完成居住区交通分析图的绘制。

职业能力 6　绘制居住区绿地功能分区图

【核心概念】

功能分区：根据场地的面积大小、地形等特征和使用者不同的活动需求，对场地进行空间划分，形成既独立又相互联系的有机整体。居住区景观一般分为以下几个功能区：入口区、休息区、运动区等。

【相关知识】

居住区绿地的功能可按小型综合性公园的功能组织来考虑，一般有安静游憩区、文化娱乐区、儿童活动区、服务管理设施等。

1. 安静游憩区

安静游憩区作为游览、观赏、休息、陈列用，需大片的风景绿地，在园中占的面积比例较大。安静活动应与喧闹活动隔离，宜选择地形富于变化且环境最优的部位。区内宜设置休息场地、散步小径、桌凳、廊亭、台、榭、老人活动室、展览室以及各种园林种植，如草坪、花架、花坛、树木、水面等。

2. 文化娱乐区

文化娱乐区是人流集中热闹的活动区，其设施可有陈列室、电影院、表演场地、溜冰场、游戏场、科技活动等，可和居住区的文体公建结合起来设置。

文化娱乐区这是园内建筑和场地较集中的地方，也是全园的重点，常位于园内中心部位。布置时要注意排除区内各项活动之间的相互干扰，可利用绿化、土石等加以隔离。此外视人流集散情况妥善组织交通，如运用平地、广场或可利用的自然地形，组织与缓解人流。

3. 儿童活动区

在居住区，少年儿童人数的比重较大，不同年龄的少年儿童，如学龄前儿童和学龄儿童要分开活动；各种设施都要考虑少年儿童的尺度，可设置儿童游戏场、戏水池、障碍游戏、运动场、少年之家科技活动园地等。各种小品形式要适合少年儿童的兴趣、寓教育于娱乐，增长知识，丰富想象。植物品种颜色鲜艳，注意避免栽植有毒、有刺、有臭的植物。同时要考虑成人的休息和照看儿童的需求。区内道路布置要简捷明确易识别，主要路面能通行童车。

4. 服务管理设施

如便利店、租借处、休息区、废物箱、公共厕所等。

园内主要道路及通往主要活动设施的道路宜作无障碍设计，照顾残疾人和老年人等行动不便的特殊人群。

【案例教学】

江苏省句容市浦溪花园功能分区图绘制

【活动设计】

1. 场所：设计室
2. 工具：电脑（含 CAD、PS 软件）
3. 活动实施

表 3-6《绘制居住区绿地功能分区图》活动实施表

序号	步骤	操作及说明
1	划分功能区	根据场地的面积大小、地形等特征，以及居住者的使用需求，将场地划分出不同的功能空间。
2	绘制居住区功能分析图	1）在 PS 中打开居住区绿地设计总平面图，并进行黑白处理，可适当降低底图图层的不透明度。 2）新建路径，命名为迎宾大道；使用钢笔工具将迎宾大道区边界描绘出来；新建图层，命名为迎宾大道；在调色板中选取黄色，选择“迎宾大道”图层，返回路径菜单栏，选择“迎宾大道”路径，点击“填充路径”，图层不透明度调为 70%。 3）同理绘制“中心景观会客厅”和“全龄段康体健身区”。 4）绘制功能区边线：使用画笔工具，选择方头画笔；打开画笔预设，将画笔间距调为 160%，笔尖形状调为矩形，笔尖形态角度抖动为方向。 5）使用文字工具输入功能区名称。 6）运用同样的方法绘制功能分区图例。

职业能力 7　绘制居住区绿地入口效果图

【核心概念】

效果图：将平面图纸三维化，检查设计方案的细微瑕疵或进行项目方案修改的推敲。选择2~3 个可以较好表现设计构思的角度出图并展现给甲方，使甲方更直观地理解设计师的设计。

【相关知识】

效果图是通过图片等传媒来表达作品所需要以及预期达到的效果。对庭院私人业主来说，庭院效果图是最直观表达设计意图的。

1. 要加强专业知识储备

效果图制作不同于艺术绘画，不仅要追求艺术性、美观性，还要注意一些建筑、景观行业的特殊要求。另外效果图越来越多地被当成工程合同的附件，从而具有了一定的法律效应，如果在作图时像搞艺术创作那样天马行空而不注意科学性、严谨性，那么小则闹出笑话，大则引起合同纠纷。

2. 作图前要先做好整体规划

制图前最好先做好规划：整个工程要几个场景才能展示清楚？每个场景要有哪些元素构成？哪些元素需要进行建模？哪些元素可以在素材库或光盘中找到？然后还要考虑整体的颜色搭配，材质选择等。

3. 分清重点，减少工作量

把场景建立起来之后，先加上一部临时相机，挑选好出图视角。对于那些不可视的面，我们就不必要为其太费功夫，这样就能省去不少建模和赋予材质的工作量；对于那些较远的物体，建模时不必考虑细节，有形状和颜色示意即可。

4. 一定记好为几何元素命名

作图时千万不要忘记为几何元素命名，否则的话等到场景一合并，就会出现上百的 box01、box02……根本分不清哪一个几何元素属于哪个物体。所以每当完成一个物体的建模后，就要及时对相关元素进行命名，同样也要及时地为材质进行命名，以免出现混乱。

5. 建立自己的模型材质库

市面上有许多的材质资源销售，建议建立自己的模型材质库，按用途或类别进行分类命名，再做效果图时可省时省力。

【案例教学】

江苏省句容市浦溪花园功能分区图绘制

【活动设计】

1. 场所：设计室
2. 工具：电脑（含 CAD、PS 软件）
3. 活动实施

表 3-7《绘制居住区绿地入口效果图》活动实施表

序号	步骤	操作及说明
1	导入 CAD 底图	打开 SU, 导入 CAD 图纸。注意 CAD 文件中的单位和 SU 中的是否一致。
2	绘制入口效果图	1）地形处理：将导入的 CAD 线稿进行封面。封面可手动封面，也可使用相应插件辅助。 （说明：如果是手动封面：必须将 CAD 中的线条全部描一遍，使每个区域形成一个面） 2）绘制花坛与路牙：使用推拉工具将花坛与路牙部分向上推拉 150mm，并赋予相应的材质。 3）绘制入口铭牌：绘制 410mm×410mm 的平面，向上推拉 240mm；使用缩放工具，将顶部平面向内缩放 10mm, 将所得内部的平面向上推拉 10mm；将两个立方体作为整体，向上复制 8 个；同理利用缩放、推拉工具制作顶部造型；将绘制的模型创建成组，横向复制 3160mm, 即完成两侧柱子的绘制。将 CAD 图纸导入 SU 中，删除两侧柱子的线段；将剩下的线段封面并创建成组；双击进入组内部，使用推拉工具完成铭牌中间部分的绘制；使用移动工具将中间部分的模型移至两侧柱子正中。根据施工图的要求，给模型赋予相应的材质。将模型作为整体创建成组，并放至大门入口处。 4）使用相同的方法绘制栏杆的模型，并放置相应的位置。 5）导入建筑、门房等模型，放置在相应的位置，可使用缩放工具调整模型大小。 6）添加植物，地被、草本植物可通过贴图赋予；用推拉工具推拉出灌木的高度；乔木和部分大灌木可选用相应的植物组件放置在合适的位置。 （说明：选择的乔木和灌木组件的高度要符合实际高度情况） 7）出图：根据需要选择 2~3 个合适的视角和样式；打开阴影工具，设置相应的地理位置、日期和时间；出图可直接导出二维图像，或使用 VRay、Lumion 等渲染软件。 8）根据需要将导出的图纸导入 PS 软件中进行后期处理。 （说明：后期插入的素材尺度要符合人的视觉习惯）

职业能力 8　绘制居住区健身区效果图

【核心概念】

参考项目三职业能力 7（核心概念）。

【案例教学】

江苏省句容市浦溪花园健身区效果图绘制

【活动设计】

1. 场所：设计室
2. 工具：电脑（含 CAD、PS、SU 等相关绘图软件）
3. 活动实施

表 3-8《绘制居住区健身区效果图》活动实施表

序号	步骤	操作及说明
1	导入 CAD 底图	打开 SU, 导入 CAD 图纸。注意 CAD 文件中的单位和 SU 中的是否一致。
2	地形处理	将健身区的 CAD 线稿进行封面。封面可手动封面，也可使用相应插件辅助。将平面图中的每一条等高线向上移动到相应的高度，使用沙盘工具制作场地中的微地形。 （说明：如果是手动封面，必须将 CAD 中的线条全部描一遍，使每个区域形成一个面）
3	绘制园路与停车位	分隔出园路和停车位平面，若其平面与绿地、广场等其他平面相连，可用描边的方法将其分隔开。选择合适的材质赋予路面和停车位。
4	绘制中轴观赏空间	1）选择合适的材质赋予中轴广场； 2）绘制景墙； 3）放置花坛、桌椅景观小品组件。
5	绘制老人康体活动空间	1）选择合适的材质赋予硬质平面； 2）选择相应的灌木材质赋予植物平面，使用推拉工具向上推拉 400mm； 3）将坐凳平面向上复制 300mm, 使用推拉工具向上推拉 100mm； 4）放置花坛、桌椅景观小品组件。
6	绘制儿童活动空间	1）选择合适的塑胶材质赋予儿童活动区的地面。 2）绘制廊架：将 CAD 中廊架立面图导入 SU, 画出左侧柱子立面图的中线，保留左半部分并进行封面，删除其余图形；使用矩形工具以左下角为角点，在地平面上绘制 600mm×600mm 的正方形，使用路径跟随工具，以底面正方形为路径，柱子的半立面为截面，即完成单个柱子模型的绘制；将柱子全部选中创建成组，水平复制 3500mm，同时选中两个柱子，以圆弧圆形为中心点，旋转复制 29°，再 ×4 即可完成廊架柱子部分的绘制。同理使用路径跟随工具绘制廊架的弧形梁，使用旋转复制工具绘制廊架的顶。 （说明：使用路径跟随工具时，无论路径还是截面都不能是成组的状态，如果成组需要分解开，否则路径跟随工具无效） 3）放置其他健身设施组件至相应位置。
7	添加植物、人物等	1）选择合适的草地与灌木材质赋予相应的平面，将灌木平面向上推拉合适的高度； 2）乔木和部分大灌木可选用相应的植物组件放置在相应的位置； 3）在适当的位置放置人物组件。 （说明：选择的乔木和灌木组件的高度要符合实际高度情况）
8	导出图纸	1）根据需要选择合适的视角和样式； 2）打开阴影工具，设置相应的地理位置、日期和时间； 3）出图可直接导出二维图像，或使用 VRay、Lumion 等渲染软件。 （说明：必须有整体鸟瞰图、每个构筑物的局部人视图，局部效果图）
9	后期处理	根据需要可选择 PS 等图形编辑软件对导出的图纸进行后期处理。 （说明：后期插入的素材尺度要符合人的视觉习惯）

职业能力 9　绘制居住区中心绿地效果图

【核心概念】

参考项目三职业能力 7（核心概念）。

【案例教学】

江苏省句容市浦溪花园中心绿地效果图绘制

【活动设计】

1. 场所：设计室
2. 工具：电脑（含 CAD、PS、SU 等相关绘图软件）
3. 活动实施

表 3-9《绘制居住区中心绿地效果图》活动实施表

序号	步骤	操作及说明
1	导入 CAD 底图	打开 SU, 导入 CAD 图纸。注意 CAD 文件中的单位和 SU 中的是否一致。
2	地形处理	将导入的 CAD 线稿进行封面。封面可手动封面，也可使用相应插件辅助。（说明：如果是手动封面，必须将 CAD 中的线条全部描一遍，使每个区域形成一个面）
3	绘制园路、休闲广场与停车位	分隔出园路和停车位平面，若其平面与绿地、广场等其他平面相连，可用描边的方法将其分隔开。选择合适的材质赋予路面、广场和停车位。
4	绘制中心景观亭	1）绘制亭子顶部：绘制边长为 4620mm 的正方形，向下推拉 120mm,向内偏移 140mm 后，将平面向下推拉 100mm，沿边缘绘制 1/4 圆，使用路径跟随工具放样出圆边，将底部平面向下推拉 60mm；再向内偏移 15mm，向下推拉 400mm；向外偏移 40mm, 向下推拉 55mm；向内偏移 20mm 后，向下推拉 30mm。 2）绘制柱子：绘制边长为 750mm 的正方形，向上推拉 110mm，向内偏移 20mm，向上推拉 40mm，再向内偏移 10mm，向上推拉 640mm；向外偏移 10mm，向上推拉 20mm，再向外偏移 15mm，向上推拉 50mm 后，向内偏移 25mm，向上推拉 30mm，推拉复制 80mm 后，使用缩放工具中心缩放 0.95，向上推拉 30mm；向内偏移 10mm，向上推拉 2695mm。复制 3 个，放置相应的位置。 3）赋予相应的材质。
6	添加休闲坐凳、雕塑等景观小品	选择适合样式的坐凳、雕塑等景观小品组件，调整大小后放置相应的位置。
7	添加植物、人物等	1）选择合适的草地与灌木材质赋予相应的平面，将灌木平面向上推拉合适的高度； 2）乔木和部分大灌木可选用相应的植物组件放置在相应的位置； 3）在适当的位置放置人物组件。 （说明：选择的乔木和灌木组件的高度要符合实际高度情况）
8	导出图纸	1）根据需要选择合适的视角和样式； 2）打开阴影工具，设置相应的地理位置、日期和时间； 3）出图可直接导出二维图像，或使用 VRay、Lumion 等渲染软件。 （说明：必须有整体鸟瞰图、每个构筑物的局部人视图，局部效果图）
9	后期处理	根据需要可选择 PS 等图形编辑软件对导出的图纸进行后期处理。 （说明：后期插入的素材尺度要符合人的视觉习惯）

工作任务 3.4 居住区绿地植物种植设计

职业能力 10 编制居住区绿地苗木配置表

【核心概念】

植物种植设计：依据当地气候、预算等条件，选择一定数量适合种植在居住区的植物品种，通过乔、灌、草的搭配，为居民创造良好的居住环境。

苗木表：列表应说明植物的种类、规格（胸径以厘米为单位，写到小数点后一位；冠径、高度以米为单位，写到小数点后一位）、数量等。观花类植物应在备注中标明花色、数量等。

【相关知识】

园林植物种植施工图是在园林植物种植设计图的基础上，对植物的具体位置、规格、数量等内容进行详化的图样，主要标明植物的种类、名称、株行距、群植位置、范围、数量，关键植物与建筑物、构筑物、道路或管线距离的尺寸，保留的原有树木的名称和数量，放线网格，苗木表，特别需要说明的植物种植剖面详图等，为组织施工、编制预算及定植后的养护管理提供依据。

种植设计通常在施工图阶段完成，需要综合考虑植物生理、地形空间、建筑采光、综合管网等因素，还须满足绿化覆盖率、乔灌比等技术指标，同时还是控制造价的重要因素。

1. 植物种植说明

包括：①总种植要点；②苗木的土球与树穴的要求说明；③做法说明。

2. 苗木表

苗木表也称为植物材料表，该表应列出乔木名称、图例、规格（胸径、冠幅、高度等）、数量（株数）；灌木应列出名称、图例、规格（苗高）和数量（面积）等。

3. 苗木表书写注意事项

（1）苗木的排序一定要按照以下大类顺序进行：乔木、竹类、棕榈类、绿篱、攀缘植物、色带、花卉、水生植物、草皮、植草等。

（2）植物名称相同，但规格不同可以植物名称 +A、B、C 等命名。

（3）植物规格：

①栽植乔木：乔木注写胸径和高度（胸径 4~5cm 的高约 1.5m，胸径 6~8cm 的高约 1.5m~2.5m，胸径 8~10cm 的高约 2.5m~4m，胸径 10cm 以上的高约 4m 以上，约胸径每增加 2cm 高增加 0.5~1m 左右）。

②栽植竹类：竹类注写胸径（3~4cm）和高度（2~3m）。

③栽植棕榈类：棕榈类注写胸径（25~35cm、12~15cm）和高度（2~2.5m）。

④栽植灌木：灌木注写冠径（20~25cm，25~30cm，30~35cm，35~40cm，40~60cm，60~80cm，80~100cm）和高度。

⑤栽植绿篱：注写高度 40~60cm，60~80cm，80~100cm 即可。

⑥栽植攀缘植物：注写长度或高度。

⑦植色带：注写高度（20~40cm）即可。

⑧栽植花卉：注写高度（20~40cm）即可。

⑨栽植水生植物：可不写规格。

⑩铺种草皮：注写高度（5~15cm）。

⑪喷播植草：可不写规格。

（4）植物数量单位：乔木（株）、竹类（株）、棕榈类（株）、灌木（株）、绿篱（按平方米计，备注“株 /m²”）、攀缘植物（株）、栽植色带（按平方米计，备注“株 /m²”）、栽植花卉（株）、栽植水生植物（株）、铺种草皮（m²）、喷播植草（斤）。

（5）关于备注：

①栽植乔木：树形好，无病虫害。

②栽植竹类：无病虫害。

③栽植棕榈类：无病虫害。

④栽植灌木：无病虫害。

⑤栽植绿篱：备注注明每平方米多少株。

⑥栽植攀缘植物：无病虫害。

⑦栽植色带：备注注明每平方米多少株。

⑧栽植花卉：可不写。

⑨栽植水生植物：可不写。

⑩铺种草皮：满铺。

⑪播植草：可不写。

4. 植物种植平面图

①乔木种植平面图包括平面图表达和设计注意事项。

②灌木、地被种植平面图包括平面图表达和设计注意事项。

5. 植物种植大样

当对植物立面造型要求较高时，应补充立面图以便规定植物的立面种植效果。如结合山石的植物，应以立面图表明与山石的构图关系、位置、数量等。

表 3-10 树木与架空电力线路导线的最小垂直距离

电压（kV）	1~10	35~110	154~220	330
最小垂直距离（m）	1.5	3.0	3.5	4.5

表 3-11 绿化树木与地下管线外缘的最小水平距离

管线名称	距乔木中心距离（m）	距灌木中心距离（m）
电力电缆	1.0	1.0
电力电缆（直埋）	1.0	1.0
电力电缆（管道）	1.5	1.0
给水管道	1.5	-
雨水管道	1.5	-
污水管道	1.5	-
燃气管道	1.2	1.2
热力管道	1.5	1.5
排水盲沟	1.0	-

【案例教学】

江苏省句容市浦溪花园植物设计苗木表编制

【活动设计】

1. 场所：设计室
2. 工具：电脑（含 CAD 软件）
3. 活动实施

表 3-12《编制居住区绿地苗木配置表》活动实施表

序号	步骤	操作及说明
1	建立苗木表	列出设计方案用的植物材料，按照一定的分类排序，如从常绿到落叶，高度从高到矮。 插入表格 1）先打开一份 cad 文件，导入好我们的图框。一般“苗木表”使用的图框是 A3 或 A2。 2）然后在工具栏中选择“绘图”，单击后选择“表格”，再单击鼠标左键就弹出“插入表格”的对话框了。接着，调好需要的表格行、列等各项参数。一般常用的参数如下： ①列数：苗木表一般包含序号、名称、拉丁名、规格（蓬径、高、胸径/地径、数量、单位、备注等），共 9 列 ②行数：根据实际设计的苗木品种而定； ③其他参数一般采用默认的参数。 参数调整好后，单击确定后，即可在图框中插入表格了；有时候因为比例的问题，插入的表格会过大或者过小，我们需要使用快捷键“sc”缩放比例，调整合适的大小，完成后就可以直接在表格中输入文字了。
2	根据苗木表制作图块	图块的直径约等于植物实际冠幅，图块命名最好跟苗木表一致，便于后期统计。
3	完成苗木表	统计数量，包括图块数量和地被数量，植物规格，填入苗木表。

职业能力 11　绘制居住区绿地植物种植设计上木图

【核心概念】

绘制上木种植图：绘制乔木、花灌木、竹类等上木的各段种植设计图。

【相关知识】

上木一般指乔木、花灌木、竹类等，一般以株计量；
下木一般指小灌木、地被、草坪等，一般以平方米计量；
球类的归于上木下木均可，为方便统计放入上木者多。

【案例教学】

江苏省句容市浦溪花园植物种植设计上木图绘制

【活动设计】

1. 场所：设计室
2. 工具：电脑（含 CAD 软件）
3. 活动实施

表 3-13《绘制居住区绿地植物种植设计上木图》活动实施表

序号	步骤	操作及说明
1	绘制分区 1 上木种植图	1）在 CAD 中打开设计底图，按照种植索引图确定分区 1 位置，删除分区 1 以外的底图线条； 2）确定该区域种植风格和样式，绘制宅间绿地、宅旁绿地、道路绿地等区域上木图例； 3）标注上木名称。
2	绘制分区 2 上木种植图	同上绘制方法。

职业能力 12　绘制居住区绿地植物种植设计下木图

【核心概念】

绘制下木种植图：绘制小灌木、地被、草坪等下木的各段种植设计图。

【相关知识】

常见灌木有玫瑰、杜鹃、牡丹、小檗、黄杨、沙地柏、铺地柏、连翘、迎春、月季、荆、茉莉、沙柳等。

【案例教学】

江苏省句容市浦溪花园植物种植设计下木图绘制

【活动设计】

1. 场所：设计室
2. 工具：电脑（含 CAD 软件）
3. 活动实施

表 3-14《绘制居住区绿地植物种植设计下木图》活动实施表

序号	步骤	操作及说明
1	绘制分区 1 下木种植图	1）在 CAD 中打开设计底图，按照种植索引图确定分区 1 位置，删除分区 1 以外的底图线条； 2）确定该区域种植风格和样式，绘制宅间绿地、宅旁绿地、道路绿地等区域下木图例； 3）标注下木名称。
2	绘制分区 2 下木种植图	同上绘制方法

4 项目四

庭院绿地设计

我们设计的不是花园，
而是居住者的生活。

【学习目标】

1. 知识目标

（1）能阐述庭院及住宅庭院的概念；

（2）能阐述按不同的属性分类的庭院类型；

（3）能阐述不同风格庭院空间的特点；

（4）能阐述庭院绿地平面图、效果图设计要点；

（5）能阐述道路绿地施工图设计要点。

2. 能力目标

（1）能进行设计前场地现状的调研、测量和记录；

（2）能记录和分析业主的相关信息；

（3）能遵循现有场地元素绘制庭院分析图；

（4）能绘制庭院平面图和效果图；

（5）能绘制庭院施工图；

（6）能根据庭院现场施工需要变更设计图纸。

3. 素养目标

（1）能按照制图标准制图；

（2）能遵守国家和地方关于庭院建设与设计的相关规范；

（3）具备勤于思考、善于动手、勇于创新的精神；

（4）具有团队合作精神。

工作任务 4.1 庭院场地前期分析

职业能力 1 基地资料记录与分析

【核心概念】

庭院基地资料：指庭院周边环境、建筑风格、基地尺寸、排水、管线、土质、水质检测、室内环境、现场植被、现场地面设施、气候条件等资料。

基地资料记录与分析：在庭院方案设计前进行的场地现状的调研、测量和记录，形成基地现状图和分析文字，收集现状照片，方便设计师随时查阅和比照。

【相关知识】

一、庭院的概念

建筑物（包括亭、台、楼、榭）前后左右或被建筑物包围的场地通称为庭或庭院，即一个建筑的所有附属场地、植被等。

二、庭院的类型

按不同的属性，有不同的划分方法：

按风格划分，可分为中式、日式、欧式、美式、现代中式等；

按使用者划分，可分为私家庭院、单位庭院、公共庭院等；

按样式划分，可分为自然式、规则式、混合式等；

按所处环境和功能划分，可分为住宅庭院（民居、公寓、别墅等）、办公庭院（行政办公、科研、学校、医院等）、商业性庭院（商场、宾馆、酒店等）、公益性庭院（图书馆、博物馆、体育馆等）。

当然，不论何种庭院，其使用对象都是人，是室内空间的延伸，是一个集休闲、娱乐、生活、工作等功能为一体的空间。

三、住宅庭院基地资料记录与分析

住宅庭院，是住宅内部、周边或前后的生活空间，一般由出入口、住宅、庭院（前庭、中庭、后庭）等几部分组成，面积大小不一，是家庭成员休闲、小憩、娱乐、锻炼、聚会的场所，对于提高居家生活质量起着重要的作用。

庭院场地分析，是景观设计的基础，主要包括以下内容：

1. 资料准备

图纸，包括小区总图、住宅平立面图、庭院尺寸图等；资料，包括房产证（具体面积、房产平面图、边界等）、气候资料、法律法规等。

2. 现场踏勘

测量场地尺寸，核实图纸尺寸及确定边界；确定建筑的各个转角、门窗位置，住宅各功能空间的布局、关系及尺寸，建筑立面尺寸、材料、装饰及层高，给排水口、电表及其公共设施的位置；原有植物的状况（如定位、种类、大小）及价值；场地的其他自然特征，如岩石、溪流、地势的起伏变化等，土壤的状况，冬、夏盛行的风向等相关内容。

3. 周边环境分析

对庭院环境不利的影响因素的分析，如噪声、灰尘、汽车灯光以及其他可能的干扰；视线环境，不利的视线空间应遮蔽或屏障，如容易被俯视、暴露、偷窥的场所，有利的视线空间应开敞，如面山、面湖、观景等；研究各个房间与庭院的关系，房间的朝向、光线，窗户的视线等。

基地资料记录与分析阶段，设计师必须亲临现场，对基地现状（周边环境、建筑风格、基地尺寸、排水、管线、土质、水质检测、室内环境、现场植被、现场地面设施、气候条件等）进行测量和记录，即使业主提供了详细的图纸，这个步骤依然非常重要。

测量和分析完成之后，绘制基地现状图，对现状进行深入分析，并形成图纸和分析文字，方便设计师随时查阅和比照。

【案例教学】

某别墅庭院场地前期分析

【活动设计】

1. 场所：庭院
2. 工具：测量工具（卷尺、手持 GPS）、铅笔、黑水笔、速记本等。
3. 活动实施

表 4-1《基地资料记录与分析》活动实施表

序号	步骤	操作及说明	标准
1	准备设计底图	1）如果业主能提供原始平面图，学生需要现场测绘，记录尺寸； 2）如果业主没有原始平面图，学生需要先绘制平面草图，再进行测绘，记录尺寸。	1）设计底图必须简明、易读； 2）图面要求完整，各分图图面连续； 3）重要的构筑物或古树名木需要保留的必须在底图上标注。
2	拍摄现场照片	方便在设计时回忆场地特征，为后期效果图的制作提供背景图像。	内部现状照片和外部环境照片，整体视频。
3	场地调查与分析	1）在设计底图上标注基地的尺寸、凸出地面的设施及隐藏于地下的管线及各类设施； 2）土质情况的测量和记录； 3）地下水质情况的测量和记录； 4）现状地形高差的测量和记录； 5）现状的大树种类、位置和其他植物品种记录。	形成图纸和分析文字。

职业能力 2 业主信息的记录与分析

【核心概念】

业主信息的记录与分析：在庭院方案设计前进行的业主家庭情况、文化背景及喜好取向、对基地的理解等的记录，并形成分析文字，方便设计师随时查阅和比照。

【相关知识】

业主信息的记录与分析阶段，设计师应与业主进行良好的沟通，了解家庭成员的各种不同需求，以及每一需求的优先程度。

须重点记录的内容包括：

1. 业主基本情况

家庭成员的年龄、性别、职业、业余爱好、文化层次、信仰、经济情况及当地风俗等，在庭院内休闲活动的时间、方式、人数，永久居住还是过渡住所，是否有宠物等。

2. 理想中的庭院

是否需要草地、水景、平台（木质、石质）、假山、雕塑、亭廊、灯光照明、植物、道路、游泳池、健身方式及设施、户外家具（桌椅、沙发、长凳、躺椅等）、宠物间、储藏间、工具间、车库等，植物、材料、铺装、色彩的偏好，庭院使用方式（如娱乐、户外餐饮、烧烤、日光浴、运动方式、休闲等）、庭院围合方式（围墙、绿篱、木栅栏、植物）等。

3. 活动场地

草地运动（日光浴、瑜伽、健身、足球、排球、羽毛球、网球等）、儿童活动场地及所需的设施（沙坑、秋千、组合玩具、滑梯等）、园艺空间（菜地、花圃、苗圃、温室等）、综合服务空间（晾衣物、宠物玩耍、餐饮等）、其他空间等。

调查了解以上内容，可以结合图册，使用户了解庭院空间使用的各种可能性，并根据庭院的大小，决定内容的取舍，这样有利于景观设计的推进和得到客户的认可。

沟通和分析完成之后，应形成分析文字，方便设计师随时查阅和比照。

【活动设计】

1. 场所：庭院
2. 工具：铅笔、速记本
3. 活动实施

表 4–2《业主信息的记录与分析》活动实施表

序号	步骤	操作及说明
1	了解业主家庭情况、文化背景及喜好取向	1）与业主沟通并记录业主基本情况、对理想中的庭院、对活动场地的需求等； 2）形成业主家庭情况、文化背景及喜好取向（职业、爱好、文化、信仰、经济情况及当地风俗等）的文字材料； 3）了解家庭成员的各种不同需求，以及每一需求的优先程度； 4）了解业主对庭院的预算指标。
2	了解业主对基地的理解	通过照片或书籍了解业主对景园的理解（这些照片或书籍可以是业主的，也可以由设计师提供，用设计师或设计公司以往的工程实例也是一个好办法。对于风格和效果，解释起来用图片的效果要远胜于用语言）。

工作任务 4.2 庭院整体构思与方案推敲

职业能力 3　庭院场地方案构思

【核心概念】

方案构思：设计师在一定的调查研究和分析基础上，通过思考将客观存在的各要素按照一定的规律架构起来，形成一个完整的抽象物，并采用图、模型、语言、文字等方式呈现的思维过程。

庭院场地方案构思：设计师通过前期的庭院基地现状分析，以“泡泡图”“饼形图”或用地分区图或其他草图的形式表达庭院功能空间，并以形式解构或空间解构的方法，通过平面方案及示意图表达，从而确定庭院整体布局及思路。

【相关知识】

构思是指设计师在孕育和创作作品的过程中所进行的思维活动。庭院方案构思之前设计团队还应搜集各种不同风格案例，并分析案例的不同特点，以期为设计提供思路和帮助。

在此基础上进行推敲性表现是设计师思维活动最直接、最真实的记录和展现。推敲性表现有助于具体的空间形象激发和强化设计师的构思活动，使设计构思成果实用而丰富，同时它也是设计师对方案进行分析、判断、抉择的重要参考依据。

一、庭院功能空间的划分

通过现场踏勘、调查了解用户需求、确定大概风格后，须结合庭院现状，进行功能区的划分，可以使用“泡泡图”“饼形图”或用地分区图或其他草图，结合初步的人流动线，确定各分区的大致尺寸和形状，绘制几种不同的组合方式，以确定最佳的方案。

庭院的功能区，一般可分为公共区域、半公共区域、过渡区域、半私密区域、开敞空间区域、室外起居与娱乐空间、室外食物准备空间等。

1. 公共区域

庭院公共区域通常在建筑控制线或用地边缘，人们到达住宅时都要穿越控制线。这一区域可以通过各种方式设计成基地入口的感觉。

2. 半公共区域

庭院半公共区域是为穿越这个空间的人提供充分的空间，尤其是位于住宅前院，通常作为车行空间处理时使用。道路两侧要留出充足的空间，使人们在进入室内入口时不会与车行交通混合。

3. 过渡区域

庭院过渡区域通常位于住宅前院，其功能就是容纳并引导人们从室外到达入口门厅。可以通过道路的变化创造一种愉快而安全的步行环境。可沿道路设置花草树木，或是雕塑等标志性构筑物，便于引导步行活动。

4. 半私密区域

庭院半私密区域是进入室内门厅前的空间范围，作为室内外的过渡，提供一个停留小聚的空间。空间尺度较室内门厅稍大，能够容纳小群人聚集在门前。

5. 开敞空间区域

室外集散和入口空间中的最后一个区域就是前院中剩余的区域。基地总尺寸不同，该区域大小也有变化，它的尺寸直接影响到其最佳的使用功能。

6. 室外起居与娱乐空间

室外起居与娱乐空间首先考虑的应该是比例与尺度，其次是交通流线空间与实用空间之间的协调。

7. 室外食物准备空间

室外食物准备空间应该放在能够便利地与厨房、室内餐厅和室外进餐空间相联系的地方。

二、庭院空间设计原则

秩序、统一和韵律三个原则可适用于空间及元素的形式构成、材料构成以及材料的图案构成。

1. 秩序

1）对称

对称是通过将设计元素围绕一个或更多对称轴对等地布置来建立均衡感。

2）不对称

与对称布局相比，不对称的均衡往往令人感到随意自然。

3）成组布置

每当与设计元素相特定的形式成组地聚集在一起时，一种基本的秩序感就产生了。

在住宅设计中的所有设计要素，如铺地、墙体、栅栏、植物等，都应该成组布置以形成秩序感。

2. 统一

统一反映的是设计构成中各元素之间的和谐关系。

1）主体

设计构成中将一个元素从其他元素中突出出来，就产生了主体。主体元素是构成中的一个重点或焦点。如果构成中没有一个主体元素，视觉可能就会无休止地在构成元素中游移。

主体元素必须同构成中的其他元素有一定的共同特征，使人感到它是构成中的一部分。

设计中可以有不止一个焦点，但是不应该太多，否则目光会持续从一个焦点转移到另一个焦点，使人感到视觉疲劳。

主体可以是一处水景，一座雕塑，一块石头或者是一盏聚光灯，也可以是浓密的树荫，吸引人的植物。

2）重复

重复指在整个设计构成中，反复使用类似的元素或是有相似特征的元素。

3）加强联系

加强联系指设计中不同的元素部分联系在一起，使视线能够很自然地从一个元素移到另一个元素上，其中没有任何间隔。

3. 韵律

1）重复

为了产生韵律感，在一个设计中运用重复的元素或一组元素以创造出显而易见的次序。

2）交替

建立一个基于重复的样式，接着有规律地把序列上的某些元素更换成另一种。

3）倒置

更改过的元素与其他元素性质完全颠倒，大变小，宽变窄，高变矮等。

4）渐变

通过将序列中重复的元素的一个或更多特性逐渐地改变而形成的。使视觉产生元素间的连续性。

三、庭院空间形式构成主题

1. 圆形的主题

圆的大小最好具有多样性。叠加圆主题提供了几个相互联系但又区分明确的部分叠加圆主题可以有很多朝向，使设计具有多个良好的景观视线。

2. 曲线的主题

曲线形主题并不自然，它是一个抽象的结构化的系统，运用不同大小的圆和椭圆的轮廓线来构成整个形式。

3. 矩形的主题

矩形主题由正方形和矩形组成，这种主题可以设计得很正式，也可以很轻松随意。

4. 斜线的主题

可分为纯粹的斜线主题和调整后的斜线主题，即将矩形主题和纯粹的斜线主题相结合。

5. 圆弧及切线的主题

圆弧及切线其实来自不同主题的结合，包括来自圆形主题中的圆弧和矩形主题中的直线。

6. 角状的主题

角状主题是由一系列角线组成，以形成一个具有视觉冲击力的构成。

7. 主题与主题间的组合

庭院设计，可以用一个主题贯穿整个基地的设计，也可以在前院、后院分别采用不同的主题。

【案例教学】

某别墅庭院功能分析

【活动设计】

1. 场所：设计室或制图室
2. 工具：铅笔、钢笔、针管笔、水彩、水粉、彩铅等、图纸或电脑（含 CAD、PS、SU 软件）
3. 活动实施

表 4-3《庭院场地方案构思》活动实施表

序号	步骤	操作及说明
1	功能图解	1）准备设计底图； 2）绘制“泡泡图”“饼形图”或用地分区图或其他草图：分析庭院空间与各元素之间、与建筑之间、与场地之间的功能关系；每个功能区使用一个圈或框替代，并标明相对的位置、大小及属性等信息。 （说明：手绘表达或电脑辅助表达均可）
2	图解符号的转换	将松散的庭院功能图解的徒手圈和图解符号，转变为有着大致形状和特定意义的室外空间。 （说明：手绘表达或电脑辅助表达均可）

工作任务 4.3 庭院详细设计

职业能力 4　绘制庭院总平面图

【核心概念】

总平面图：亦称“总体布置图”，按一般规定比例绘制，表示方位、间距以及道路网、绿化、竖向布置和基地临界情况等；是表示整个基地的总体布局，具体表达位置、朝向以及周围环境（原有建筑、交通道路、绿化、地形等）基本情况的图样。

绘制庭院总平面图：结合方案构思，在底图基础上用 CAD 软件绘制线稿，表达出庭院景观的位置、平面形状、名称、标高以及周围环境的基本情况等，再用 PS 软件上色及后期处理完成。

【相关知识】

对于私人业主来说，平面图并不是其关注的重点，部分设计公司可能直接出效果图，这样更直观，再在效果图中导出平面图。

总平面图是对方案设计的提高或修改，使设计更加细致明确。总平面图中的植物材料、种类以及构筑物形式和轮廓，墙体和台阶等都表现得更加明确。

一、总平面图基本内容及表达方式

1. 边界线

包括建设用地红线、建筑红线、地下车库边界投影线、围墙线等。

2. 园林设计背景

包括设计开始前的地形、地物，建筑设计底图等。

3. 设计图线

包括园林建筑、水景轮廓线、小品轮廓线、道路中心线、场地边线、微地形等高线等。

二、总平面图中标注内容

包括“风玫瑰”图、指北针；图名、比例；文字标注；文字说明；图例等。

“风玫瑰”图也叫风向频率玫瑰图，它是根据某一地区多年平均统计的各个风向和风速的百分数值，并按一定比例绘制，一般多用八个或十六个罗盘方位表示，由于该图的形状形似玫瑰花朵，故名“风玫瑰”。玫瑰图上所表示风的吹向（即风的来向），是指从外面吹向地区中心的方向。

【案例教学】

绘制某别墅庭院总平面图

【活动设计】

1. 场所：设计室
2. 工具：电脑（含 CAD、PS 软件）
3. 活动实施

表 4-4《绘制庭院总平面图》活动实施表

序号	步骤	操作及说明	标准
1	绘制设计边界线	1）在 CAD 中打开设计底图； 2）绘制庭院用地红线、建筑红线、地下车库边界投影线、围墙线等。	《城市居住区规划设计规范》GB50180-2018
2	绘制设计图线	1）绘制道路中心线； 2）绘制场地边线、微地形等高线； 3）绘制水景轮廓线； 4）绘制园林建筑、小品轮廓线等。	
3	标注	1）绘制“风玫瑰”图、指北针； 2）绘制图名、比例； 3）进行文字标注； 3）撰写文字说明； 5）绘制图例。	

职业能力 5　绘制庭院效果图

【核心概念】

绘制庭院效果图：用 SU 或 3d Max 等软件将庭院场地中的地形及构筑物的平面三维化，表达其垂直高度、地形高差等整体的立体组合效果，并检查设计方案的细微瑕疵或进行项目方案修改的推敲。

【相关知识】

SU 绘制技巧

（1）建模开始前一定要记得设置单位，最好是常用的毫米 (mm)。不显示材质效果，也可提高运算速度。

（2）软件操作要快，鼠标和键盘的结合才能真正快。SU 的自定义快捷键可以为单字母或 Ctrl、Shift、Alt 加单字母。最好定义成跟常用的如 CAD 一样的快捷键，最常用的是下面的命令，建议你将它定义为如下：画线 L、画弧 A、画圆 C、平行拷贝 O、移动 M、删除 E、旋转 R、缩放 S、放大 Z、填充材质 H，画矩形和拉伸可依你认为易记的来定义。

（3）在切换命令时初学者往往会不知如何结束正在执行的命令，所以特别建议将选择定义为空格键。按 Esc 键可取消正在执行的操作或习惯按一下空格键结束正在执行的命令，将会十分方便，又可避免误操作。另外，快捷键不要定义得太多，常用的即可。

（4）在 SU 中用画线、画矩形等几个简单的命令即可建模，期间不会有任何的面板切换，连数据输入面板也不用点击。另外，对面的任意切割、直观地任意拉伸也是 SU 的方便性重要的一面。加上放样命令的存在可以建出很多复杂的模型。

（5）SU 的捕捉是自动的，有端点、中点、等分点、圆心、面等。对建模过程中的大部分命令都适用，加上可输入实际数据，所以不必担心精确对齐和准确性等问题。

（6）SU 建模大部分可通过面拉伸成物体来完成。而面是可很方便地通过画线等面命令来分割的。面也可通过拉伸来随时修改，是 SU 方便性的真正体现。

（7）关于视图缩放控制。在执行画线或移动拷贝等命令时，常常要缩放视图以便精确捕捉：可随时透明执行缩放命令，结束缩放命令后会自动回到前面的命令执行状态而不会中断当前操作（放大命令例外：可透明执行但要右键方可退出回到前面命令执行状态）。另外，按中键可随时旋转视图；中键加按 SHIFT 键即为平移。

（8）关于建筑建模：

①如果是 CAD 导入的平立面，在用画线工具将墙线封闭成面然后拉伸成墙体（物体）时往往会在平面窗等位置多一些线出来，建议删除多余的线。

②在没有 CAD 图而又想开窗口定位准确的话，可利用线对线的分割来定位：在一条已有的线上再画一条比它短的线，会自动在后者的结束点处将前面那条线分割开。利用这一特性可随时准确定位。另外，画线也可当标尺来使用：执行画线命令可动态在右下角数值框显示出线的长度，由此可判断出其他物体的长度和测量距离。

（9）在建模时用到矩形但发觉长宽不对时可即时修改：长宽同时修改则输入（长度数值，宽度数值）；只修改长度可直接只输入长度数值；修改宽度则输入（宽度数值）。这里的长宽是相对而言。

（10）SU 视图中的红线、绿线、蓝线分别相当于 X、Y、Z 轴，画矩形时按中键适当旋转一定角度，即可分别将面建在 XY、XZ、YZ 等平行面上。在移动或移动拷贝时，会依鼠标移动方向分别自动锁定 X 或 Y 或 Z 轴。可根据显示的虚线的颜色来确定是否沿着这些轴移动，如果是黑色线就表示没锁定任何轴。其他同理。

（11）导入 CAD 前，尽量删除与建模无关的内容如文字、标注、填充图案，删除后记得将 CAD 文件清理干净，不然导入后会将隐藏的 CAD 图块一起导入到 SU 中，极大地拖慢 SU 的速度。

（12）选择物体时注意鼠标单击、双击和三击的不同效果：单击为选择物体；双击面可以选择面及相邻的线，双击线可选择线及相邻的面；三击可选中相连的全部物体；双击组或者组件可以马上进入组内编辑；组内编辑时单击空白处可以退出当前组编辑；鼠标中键双击可以达到快速平移效果。

（13）鼠标右键点中不同属性物体时弹出的右键菜单里命令的使用。

（14）在需要输入数值的地方是通过小键盘输入数字加回车，如果对输入的数值不满意，可以重复输入数字加回车，不必再次执行同一命令。

【案例教学】

某别墅庭院方案效果图制作

【活动设计】

1. 场所：设计室
2. 工具：电脑（含 CAD、PS、SU 软件）
3. 活动实施

表 4-5《绘制庭院效果图》活动实施表

序号	步骤	操作及说明
1	导入 CAD 底图	打开 SU, 导入 CAD 线稿。 注意：CAD 文件中的单位和 SU 中的是否一致。 （说明：导入 CAD 前，尽量删除与建模无关的内容如文字、标注、填充图案等，删除完后要将 CAD 文件清理干净，不然导入后会将隐藏的 CAD 图块一起导入到 SU 中，极大地拖慢了 SU 的速度）
2	地形处理	1）将导入的 CAD 线稿进行封面； （说明：封面可手动封面，也可使用相应插件辅助） 2）如场地有地形变化，根据需要选用相应的工具绘制出场地的地形。 （说明：如果是手动封面：必须将 CAD 中的线条全部描一遍，使每个区域形成一个面）
3	绘制广场、道路、草地	1）分隔出广场、道路、草地、水面等平面，推拉出硬质铺装和水面的高度； 2）赋予相应的材质，注意铺装的比例和方向。 （说明：推拉的高度尺寸要和 CAD 设计图中的设计高度一致）
4	绘制景墙、水池、花坛、亭子等景观小品模型	如果业主对景墙、水池、花坛、亭子等景观小品有意向性的样式，可以根据样式建模； 如果没有意向，可以选择相应的合适组件。 注意：对各建筑及小品的图层管理。如果是导入的组件，设置： 新建图层—图层隐藏—删除图层—修改物体所在图层。 （说明：景观小品的尺寸要按照设计尺寸进行建模）
5	添加植物、人物等	1）乔木和灌木可选用相应的植物组件放置在合适的位置，地被、草本植物可通过贴图赋予； 2）在合适位置放置人物组件。 注意：对植物、人物的图层管理。如果是导入的组件，设置： 新建图层—图层隐藏—删除图层—修改物体所在图层。 （说明：选择的乔木和灌木组件的高度要符合实际高度情况）
6	导出图纸	1）根据需要选择合适的视角和样式； 2）打开阴影工具，设置相应的地理位置、日期和时间； 3）出图可直接导出二维图像，或使用 VRay、Lumion 等渲染软件。 （说明：必须有整体鸟瞰图、每个构筑物的局部人视图、局部效果图等）
7	后期处理	根据需要可选择 PS 等图形编辑软件对导出的图纸进行后期处理。 （说明：后期插入的素材尺度要符合人的视觉习惯）

工作任务 4.4 庭院施工图设计

职业能力 6　编制庭院施工图图纸目录

【核心概念】

庭院施工图图纸目录：在施工图设计封面页之后，排列在一套施工图纸的最前面，以列表的形式列出一套庭院施工图（总图、详图、绿施、水施、电施等）的图纸目录。

【相关知识】

一、施工图设计规范名录

1. 园林施工图制图相关标准

参照中华人民共和国住房和城乡建设部关于城市规划和建筑设计的制图标准：

《房屋建筑制图统一标准》GB/T 50001-2017

《总图制图标准》GB/T 50103-2001

《建筑制图标准》GB/T 50104-2010

《城市规划制图标准》CJJ/T 97-2003

《风景园林图例图示标准》CJJ 67-1995

2. 园林施工图设计相关规范

《民用建筑设计通则》JGJ37-87

《建筑地面设计规范》GB 50037-2013

《住宅设计规范》GB 50096-2011

《城市道路和建筑物无障碍设计规范》JGJ 50-2001

《城市居住区规划设计规范》GB 50180-2018

《城市道路工程设计规范》CJJ 37-2012

《城市道路交通规划设计规范》GB 50220-1995

《公园设计规范》CJJ 48-1992

《城乡用地竖向规划规范》CJJ 83-2016

《风景名胜区总体规划标准 》GB/T 50298-2018

《城市道路绿化规划与设计规范》CJJ 75-1997

《城市绿地分类标准》CJJ T85-2017

3. 园林施工图设计标准图集

目前，中国建筑标准设计研究院组织编制的有关园林景观设计的标准设计图集有：

《环境景观（室外工程细部构造）》03J012-1

《环境景观（绿化种植设计）》03J012-2

《环境景观（亭廊架之一）》04J012-3

《环境景观（滨水工程）》10J012-4

《建筑场地园林景观设计深度及图样》06SJ805

二、图纸目录编制要求

编制施工图图纸目录是为了说明该工程由哪些专业图纸组成，其目的是方便图纸的查阅、归档及修改。图纸目录是一套施工图的明细和索引。

三、图纸目录编制格式

图纸目录应排列在一套图纸的最前面，且不编入图纸的序号中，通常以列表的形式表达。图纸目录图幅的大小一般为 A4（297mm × 210mm），根据实际情况也可用 A3 或其他图幅。

四、图纸编排顺序

图纸编排一般按照总图、详图、绿施、水施、电施的顺序排列。也可直接按照景施 XX 图进行图纸标号编号。

总图（ZT–XX）
详图（YS–XX）
绿施（LS–XX）
水施（SS–XX）
电施（DS–XX）

五、图纸目录图纸名称编制要点

施工图设计内容庞杂，设计要素非常个性化，这就决定了其图纸名称和设计要素的命名特别重要，含糊不清的名称易使图纸索引混乱，读图困难，给工程各方造成不良影响和后果。

尽量用方案设计时取的名称；
冠以所属区域；
根据其功能、材料、几何特征等来命名；
命名不要抽象要尽量具体；
全套图纸中不允许有同名图纸或同名设计元素出现。

【案例教学】

列某别墅庭院施工图目录

【活动设计】

1. 场所：设计室
2. 工具：电脑（含 CAD 软件）
3. 活动实施

表 4–6《编制庭院施工图图纸目录》活动实施表

序号	步骤	操作及说明	标准
1	绘制图框	可以是 CAD 自带图框，也可以根据要求自行设计图框。图纸目录图幅的大小一般为 A4（297mm × 210mm），根据实际情况也可用 A3 或其他图幅。	《建筑制图标准》GB/T 50104–2010 《总图制图标准》GB/T 50103–2010
2	列总图目录	1）列总平面索引图图纸名称、编号、图幅； 2）列总平面定位图图纸名称、编号、图幅； 3）列总平面物料图图纸名称、编号、图幅。	
3	列详图目录	1）列铺装标准详图图纸名称、编号、图幅； 2）列水景详图图纸名称、编号、图幅； 3）列园林建筑详图图纸名称、编号、图幅； 4）列种植详图图纸名称、编号、图幅。	

职业能力 7　绘制总平面索引图

【核心概念】

索引图：针对某一特定区域进行特殊性放大标注，较详细地表示出来的图纸。

绘制总平面索引图：在总图中标示各设计单元、设计元素的设计详图在本套施工图文本中所在的位置。

【相关知识】

对图中需要另画详图表达的局部构造或构件，在图中的相应部位应以索引符号索引。索引符号用来索引详图，而索引出的详图应画出详图符号来表示详图的位置和编号，并用索引符号和详图符号相互之间的对应关系，建立详图与被索引的图样之间的联系，以便相互对照查阅。

一、索引符号及其编号

索引符号的圆及水平直径线均以细实线绘制，圆的直径应为 10mm，索引符号的引出线应指在要索引的位置上。引出的是剖面详图时，用粗实线段表示剖切位置，引出线所在的一侧应为剖视方向。圆内编号的含义为：上行为详图编号，下行为详图所在图纸的图号。

二、详图符号及其编号

相关图片

详图符号以粗实线绘制直径为 14mm 的圆，当详图与被索引的图样不在同一张图纸内时，可用细实线在详图符号内画一水平直径，圆内编号的含义为：上行为详图编号，下行为被索引图纸的图号。

【案例教学】

某别墅庭院总平面图索引图

【活动设计】

1. 场所：设计室
2. 工具：电脑（含 CAD 软件）
3. 活动实施

表 4-7《绘制总平面索引图》活动实施表

序号	步骤	操作及说明	标准
1	准备工作	1）打开 CAD, 点击“插入”—“DWG 参照”（总平面图）;底图必须是最终正确的景观总平面图； 2）在布局窗口插入图框，新建 1 个视口（大小等同图框内框钱），找出底图，按比例缩放到合适大小； 3）新建索引图层。	《建筑制图标准》GB/T 50104-2010
2	绘制索引符号	1）用索引符号注明画出详图的位置、详图的编号以及详图所在的图纸编号； 2）所有的硬质景观均有大样详图索引，没有漏标； 3）硬质景观索引无重复，索引图号与后面对应的索引详图号一致。	《总图制图标准》GB/T 50103-2010

职业能力 8　绘制总平面定位图

【核心概念】

绘制总平面定位图：在总平面中（隐藏种植设计）详细标注各类建筑、构筑物、广场、道路、平台、水体、主题雕塑等的主要定位控制点及相应尺寸标注。

【相关知识】

总平面定位图要有重要点的坐标和平面直角方格网，便于施工测量和控位。重要点的坐标主要进行尺寸标注。

尺寸标注总结有如下几点：

（1）国家规范有规定要求的内容应在图中明确标示出尺寸距离，如停车场距建筑物的距离，规范要求不小于 6 m；

（2）定位总平面图主要标注各设计单元、设计元素的定位尺寸和外轮廓总体尺寸，定形尺寸和细部尺寸在其放大平面图或详图中表达；

（3）没有分区只有定位总平面图时，或者有分区定位平面图但容易因为分区被割裂的贯穿全园的道路、溪流、围墙等线形元素，则尽量在定位总平面图中定位标注和定形标注。

【案例教学】

某别墅庭院总平面定位图

【活动设计】

1. 场所：设计室
2. 工具：电脑（含 CAD 软件）
3. 活动实施

表 4-8《绘制总平面定位图》活动实施表

序号	步骤	操作及说明	标准
1	准备工作	在布局空间新建视口，找出总平面图，按比例缩放，在布局空间新建定位图层。	《建筑制图标准》GB/T 50104-2010 《总图制图标准》GB/T 50103-2010
2	绘制定位坐标网	1）设置坐标系，在总平面图上绘制平面直角方格网； 2）在左下角定坐标原点，总平面图坐标网已绘制，此步可省略。	
3	尺寸标注	1）标注元素尺寸； 2）标注元素与建筑、围墙等之间关系的位置尺寸； 3）标注单位，默认毫米。	

职业能力 9　绘制总平面图标高图

【核心概念】

绘制总平面图标高图：在总平面图中（隐藏种植设计）详细标注各主要高程控制点的标高，各区域内的排水坡向及坡度大小、区域内高程控制点的标高及雨水收集口位置，建筑—构筑物的散水标高、室内地坪标高或顶标高，绘制微地形等高线及最高点标高、台阶各坡道的方向。

【相关知识】

一、设计标高法标注的元素

（1）场地设计前的原地形图。

（2）场地四邻的道路、铁路、河渠和地面的关键性标高。

（3）建筑一层 ±0.000 地面标高相应的绝对标高、室外地面设计标高。

（4）广场、停车场、运动场地的设计标高，以及水景、地形、台地、院落的控制性标高，水体的常水位、最高水位与最低水位、水底标高等。

（5）挡土墙、护坡土坎顶部和底部的设计标高和坡度。

（6）道路、排水沟的起点、变坡点、转折点、终点的设计标高，两控制点间的纵坡度、纵坡距，道路标明双坡面、单坡面、立道牙或平道牙，必要时标明道路平曲线和竖曲线要素。

（7）用坡向箭头标明地面坡向，当对场院地平整要求严格或地形起伏较大时，可用设计等高线表示；人工地形如山体和水体标明等高线、等深线或控制点标高。

二、标高方法

标高尺寸由标高符号和标高数字组成，标高尺寸标注应重视以下几点：

1. 标高符号

应以等腰直角三角形表示，三角形的尖端向上或向下，高为 3mm。按图 (a) 所示形式用细实线绘制，如标注位置不够，也可按图 (b) 所示形式绘制。标高符号的具体画法如图 (c)(d) 所示。

总平面图室外地坪标高符号，宜用涂黑的三角形表示，如图 (a) 所示，具体画法如图 (b) 所示。

标高符号的尖端应指至被注高度的位置。尖端一般应向下，也可向上。标高数字应注写在标高符号的左侧或右侧，如图所示。

2. 标高数字

应以米为单位，注写到小数点以后第三位。在总平面图中，可注写到小数点以后第二位。

3. 零点标高

应注写成 ±0.000，正数标高不注“+”，标高数字可按图所示的形式注写。

相关图片

【案例教学】

某别墅庭院总平面标高图

【活动设计】

1. 场所：设计室
2. 工具：电脑（含 CAD 软件）
3. 活动实施

表 4-9《绘制总平面图标高图》活动实施表

序号	步骤	操作及说明	标准
1	准备工作	在布局空间新建视口，找出总平面图，按比例缩放，在布局空间新建标高图层“DIM ELEV”，并关掉“坐标网”“网格线”图层。	《总图制图标准》GB/T 50103-2010《城市用地竖向规划规范》CJJ83-2012
2	绘制标高符号	在总平面图上绘制标高符号。	
3	零点标高	零点标高标注成 ±0.000。	
4	元素标高	1）道路：用标高法标注道路的起点、变坡点、转折点、终点的设计标高； 2）广场、停车场、运动场地的设计标高； 3）水景、地形、台地、院落的控制性标高； 4）水体的常水位、最高水位与最低水位、水底标高； 5）微地形等高线及最高点标高等。	

职业能力 10 绘制总平面物料图

【核心概念】

绘制总平面物料图：在总平面图中（隐藏种植设计）用图例详细标注各区域内硬质铺装材料材质及其规格，材料设计选用说明、铺装材料图例、铺装材料用量统计表（按面积计）。

【相关知识】

总平面物料图根据需要可以以物料表的形式表现。

一、常用的铺地材料

花岗岩、水泥砖、透水砖、石板、卵石、雨花石、木材、烧结砖、盲道砖、道牙、青砖、嵌草砖、植草板、压花艺术地坪、生态透水石类、安全胶垫、玻璃（钢化玻璃）、混凝土块。

二、常用的构筑物饰面材料

花岗岩、水泥砖、石板、卵石、雨花石、水洗石、烧结砖、青砖、木材、玻璃、建筑面砖。

【案例教学】

某别墅庭院总平面物料图

【活动设计】

1. 场所：设计室
2. 工具：电脑（含 CAD 软件）
3. 活动实施

表 4-10《绘制总平面物料图》活动实施表

序号	步骤	操作及说明	标准
1	准备工作	在布局空间新建视口，找出总平面图，按比例缩放，在布局窗口新建物料图层，并关掉“坐标网”“网格线”图层。	《总图制图标准》GB/T 50103-2010
2	标注元素的材质、材料尺寸	1）绘制引线； 2）添加文字。	

职业能力 11　绘制铺装做法详图

【核心概念】

绘制铺装做法详图：对铺装的细部，用较大的比例将其形状、大小、材料、结构和做法，按正投影图的画法，详细地表示出来。

【相关知识】

总平面物料图根据需要可以以物料表的形式表现。

一、详图

对于总平面表现不出来的细节需要在总平面索引出详图。详图的比例："图像标准"规定，详图的比例宜采用 1 ∶ 1、1 ∶ 2、1 ∶ 5、1 ∶ 10、1 ∶ 20、1 ∶ 50 绘制，必要时，也可选用 1 ∶ 3、1 ∶ 4、1 ∶ 25、1 ∶ 30、1 ∶ 40 等。详图可以是平面图、立面图，也可以是剖面图。

二、详图的特点

大比例、全尺寸、详说明、各方向、可直接引用标准图集。

三、铺装做法详图

铺装设计总平面图是表达设计场地内铺装平面纹样、肌理、色彩关系的总平面图，是景观设计的重要组成部分，景观设计作品中面积较大的通常是铺装图，也是体现景观设计作品的主要元素。

铺装是园林硬质景观中面积最大、细节最多的部分。注意掌握材料种类及规格、常规构造做法、施工工艺等，绘图时注意把控细节。

1. 铺装平面图

根据表达的范围和比例大小，铺装平面图设计一般分为铺装总平面图、局部铺装平面图及铺装放大平面图。

2. 铺装平面尺寸标注

首先根据设计的构想进行地面铺贴设计，地面铺贴设计必须综合考虑设计形式、材料规格、施工工艺、投资的经济性等各方面因素；确定铺贴的定位线和尺寸，也就是说一个铺贴空间里面，基准在哪里，哪一组是调节尺寸，哪些是固定尺寸，原则上每一个铺贴空间都应该留有调节尺寸。当所有这些都清晰后，就要在图面上先绘制定位基准线，然后根据铺贴材料规格按比例绘出分格线。

3. 铺装材料引注

铺装平面图表达铺装材料的肌理、色彩、规格等，以引出线配合文字来说明，一般对块状材料的说明文字排列是"规格 + 色彩 + 肌理 + 材料名称 + 施工工艺"，如"300 × 150 × 30 灰色烧面花岗岩人字铺"，规格是指"长度 × 宽度 × 厚度"；粒状材料（如卵石）文字说明可以用"D20 ~ 35 白色鹅卵石横铺"；整体路面说明为"颜色 + 材料 + 施工工艺"，如"黄色仿古混凝土路面"。

4. 园林常用铺装材料

园林常用铺装材料有：花岗岩材料、陶砖、文化石、石板、料石、木材、卵石、砖、塑料植草格、树脂地坪、橡胶垫等。

【案例教学】

某别墅庭院铺装详图

【活动设计】

1. 场所：设计室
2. 工具：电脑（含 CAD 软件）
3. 活动实施

表 4-11《绘制铺装做法详图》活动实施表

序号	步骤	操作及说明	标准
1	绘制铺装平面图	将总平面图中的各类型铺装单独绘制。	《建筑场地园林景观设计深度及图样》06SJ805 《环境景观（室外工程细部构造）》03J012-1
2	绘制铺装剖面图	注意南北气候差异、人行和通车承重差异。	

职业能力 12　绘制水景做法详图

【核心概念】

绘制水景做法详图：对水景的详细工程做法，用平、立、剖、水形设计图、节点详图等形式详细表达出来。

【相关知识】

一、水景详图设计

水景详图的比例多为 1:20 的剖面详图，完整的大剖面仅 1~2 个，大剖面是为了表达水景整体的竖向上的相对关系，以及协调内部构造做法。

用粗实线表达剖切到的实体的断面，用细实线表达看到的实体边线；标注完成面绝对标高；分层构造，用文字说明或图例说明；垂直方向的尺寸和绝对标高，完成面绝对标高；详图索引符号；图名和比例。

二、常见水景详图

1. 驳岸

驳岸一般有：钢筋混凝土驳岸、块石类驳岸、生态类驳岸等。

2. 护坡

护坡一般有：铺石护坡、灌木护坡、草皮护坡。

3. 水池

水池一般包括基础、池底、池壁三部分。

【案例教学】

某别墅庭院水景做法详图

【活动设计】

1. 场所：设计室
2. 工具：电脑（含 CAD 软件）
3. 活动实施

表 4-12《绘制水景做法详图》活动实施表

序号	步骤	操作及说明	标准
1	绘制水池平面图、立面图	1）绘制水池平面轮廓； 2）标注尺寸和材料； 3）绘制水池立面图。	《环境景观（滨水工程）》10J012-4
2	绘制水池壁和水池底剖面图	1）绘制水池壁结构； 2）绘制池底结构。	
3	绘制水池给排水系统图	绘制给排水平面图。	

职业能力 13　绘制园林建筑做法详图

【核心概念】

绘制园林建筑做法详图：对园林建筑的总体布局、外部造型、内部布置、细部构造、内外装饰以及一些固定设备、施工要求等做法，用平、立、剖等形式详细表达出来。

【相关知识】

园林建筑与小品计算机辅助设计应注意以下几点：

1. 图层设置

图层相当于图纸绘图中使用过的重叠图纸。通过创建图层，可以将类型相似的对象指定给同一图层以使其相关联。例如，可以将构造线、文字、标注和标题栏置于不同的图层上。也可以按功能组织对象以及将默认对象特性（包括颜色、线形和线宽）指定给每个图层。

2. 图纸空间与模型空间

园林建筑与小品经常会将不同比例的图块放到一张图上，如一个亭子的全套图纸包括：平面图、立面图、剖面图、节点大样等，平、立、剖面图可能用同一个比例 1 ∶ 50，但节点大样往往用 1 ∶ 20。CAD 有两种办法组织图面：一是在图纸空间中操作；二是在模型空间将节点大样图做成图块，按比例放入图框中。

表 4-13 图层设置范例表

图层名	颜色	线性	打印线宽	标准
1 粗线	青（4 号）	粗实线	0.35	立面图的外轮廓线，平面图、剖面图中被剖切的实物构造（包括构配件）的轮廓线，平立剖面图中的剖切线
1 中线	紫 (6 号）	中粗实线	0.20	平立剖面图及详图中的一般轮廓线
1 细线	深蓝 (5 号）	细实线	0.10	尺寸标注线 . 文字引出线、剖切引出线、铺装分隔线
文字 1	白 (7 号）	细实线	0.15	设计对象名称标注，引出线及文字、指北针
文字 2	白 (7 号）	细实线	0.15	图名、比例
填充 1	灰 (8 号）	细实线	灰度打印	植物填充、水面填充
填充 2	灰 (8 号）	细实线		铺装材料填充
DIM-LEAD	绿 (3 号）	细实线	0.10	铺装文字说明
DIM-ELEV	绿 (3 号）			标高、示坡标注
DIM-IDEN	绿 (3 号）			索引标注
DIM-COOR	绿 (3 号）			坐标
PUB-DIM	绿 (3 号）			所有的尺寸标注
2 网格线	红 (1 号）	细虚线	0.1	施工坐标网格
2 等高线	深蓝 (5 号）	细实线	0.1	设计高等线等高线数值
2 道路中心线	红 (1 号）	点画线	0.1	道路中心线

3. 图块

所有操作在模型空间中进行。

4. 图纸排版

一般有两种方式：一是将同一个比例的图块放到一张图上；另一种是将同一设计对象的不同详图合为一张，这时就用到以上说的图纸空间和图块操作了。

【案例教学】

某别墅庭院园林建筑做法详图

【活动设计】

1. 场所：设计室
2. 工具：电脑（含 CAD 软件）
3. 活动实施

表 4-14《绘制园林建筑做法详图》活动实施表

序号	步骤	操作及说明	标准
1	绘制园林建筑的平立剖面图	1）在模型空间按 1 ： 1 比例绘制庭院园林建筑的平面图； 2）在模型空间按 1 ： 1 比例绘制庭院园林建筑的立面图； 3）在模型空间按 1 ： 1 比例绘制庭院园林建筑的剖面图。	《建筑制图标准》GB/T 50104-2010 《环境景观（亭廊架之一）》04J012-3
2	绘制节点大样图	在模型空间按 1 ： 1 比例绘制庭院各园林建筑节点大样图。	

职业能力 14　绘制庭院种植详图

【核心概念】

绘制庭院种植详图：在庭院种植设计图的基础上，对植物的具体位置、规格、数量等内容进行细化处理，分别绘制上木、下木种植图，并编制苗木表。

【案例教学】

某别墅庭院种植详图

【活动设计】

1. 场所：设计室
2. 工具：电脑（含 CAD 软件）
3. 活动实施

表 4-15《绘制庭院种植详图》活动实施表

序号	步骤	操作及说明	标准
1	准备工作	在布局空间新建视口，找出总平面图，按比例缩放，在布局空间新建上木、下木图层，并关掉“坐标网”“网格线”图层。	《环境景观（绿化种植设计）》03J012-2
2	绘制植物种植苗木表	1）列上木种植苗木表，包括编号、名称、规格（胸径、冠径、高度）、数量（株数）、备注； 2）列下木种植苗木表，包括编号、名称、规格（高度、冠径）、种植密度、数量、备注。	
3	绘制上木种植图	1）在上木图层绘制； 2）标明上木的准确位置，用“·”或“+”表示种植位置，用引出线标出各种植物的名称，也可用数字或代号简略标注。 （说明：同一种乔木群植或丛植时，可用细线将其中心连接起来统一标注，并标明数量）	
4	绘制下木种植图	1）在下木图层绘制； 2）标明下木的准确位置，用“·”或“+”表示种植位置，用引出线标出各种植物的名称，也可用数字或代号简略标注。 （说明：同一种灌木或花卉群植或丛植时，可用轮廓线表示范围，标出名称或代号）	

职业能力 15　庭院施工图布局出图

【核心概念】

模型空间：一般指按实物 1 ：1 绘制图纸的空间。

布局空间：又称图纸空间，一般指用于打印出图的空间。布局空间可以精确确定出图比例、文字字高、标注样式等，通过布局标签可以方便日后查看、归档等。可以在一张图纸上创建多个不同比例的视口，并能控制其可见性和是否打印等。

【相关知识】

布局出图一般有以下步骤：

1. 绘制标准图框

（1）绘制图纸轮廓线（297mm × 210mm）和图框线（277mm × 190mm）（以 A4 为例）；

（2）绘制标题栏，并对标题栏进行属性定义；

（3）将轮廓线、图框线和标题栏一起存为一个块。

2. 布局设置

（1）创建新图层作为视口线专用图层，目的是打印时隐藏视口线；

（2）切换到布局；

（3）设置打印机及其特性 选定打印设备后，单击右侧特性；

（4）修改可打印区域上下左右边距为 0，因为我们已经做好了图纸轮廓线，这样方便插入时对齐。点击下一步，直至保存退出。

3. 插入标准图框

4.MV 命令开视口

（1）双击视口范围以内（或用 MS 命令），从“布局空间”进入“模型空间”。通过平移、缩放等手段将要打印的那部分显示在“视口”范围内；

（2）结束上一步后，双击视口范围以外（或用 PS 命令），从“模型空间”退回到“布局空间”；

（3）先选中视口，然后打开视口特性。

5. 设置出图比例

查看自定义比例，其倒数为出图比例，然后调整为标准比例。如自定义比例为 0.1127，其倒数为 8.87，对应的标准比例为 8，调整特性中的标准比例为 8。

6. 设置标注样式

（1）锁定视口。

（2）切换至“模型空间”，按照算出来的全局比例（标准比例），设置标注样式。

设置标注样式指的是设置箭头大小、文字高度、超出尺寸线长度等（“全局比例”先不设置），设置的原则是：最终打印成什么尺寸就设置成什么尺寸，比如最终打印出来箭头大小为 2.0mm，文字高为 3.0mm，超出尺寸线 1.5mm，那么在设置这些值时就设置成前面的数值。最后，再把“全局比例”调整为换算所得的值即可。这样做的好处是：不管你的出图比例是多少，直接将各项设置成最终出图的效果，需要针对不同出图比例调整的唯一一个参数就是全局比例。

在设置这几个不同的标注样式时，最好是在设置完一个标注样式以后再以此样式为基础样式新建其他的样式。因为可能要绘制不同的几个图形，可能要用到不同的几个单位，所以可能会用到几套不同的标注样式。

（3）再在“模型空间”内，设定“文字高度”“线宽”等内容，进行文字标注。

（4）继续将图纸绘制完整，最终标注和文字等效果与将来打印在纸上的效果一样。

相关图片

7. 批量打印出图

将模型和自己不需要的布局删掉，便可批量打印图纸。

【案例教学】

某别墅庭院施工图出图

【活动设计】

1. 场所：设计室
2. 工具：电脑（含 CAD 软件）
3. 活动实施

表 4-16《庭院施工图布局出图》活动实施表

序号	步骤	操作及说明
1	绘制标准图框	1）绘制图纸轮廓线（297210）和图框线（277190）； 2）绘制标题栏，并对标题栏进行属性定义； 3）将轮廓线、图框线和标题栏一起存为一个块。 （说明：可以是 CAD 自带图框，也可以根据要求自行设计图框）
2	布局设置	1）创建视口线图层； 2）切换到布局空间，设置打印机及其特性； 3）修改可打印区域上下左右边距为 0。
3	插入标准图框	插入绘制的标准图框。
4	开视口	1）双击视口范围以内，进入“模型空间”，通过平移、缩放等手段将要打印的那部分显示在“视口”范围内； 2）双击视口范围以外，退回“布局空间”，选中视口，打开视口特性进行编辑。
5	设置出图比例	以此调整每个视口的标准比例。
6	设置标注样式	1）锁定视口； 2）切换至“模型空间”，按照全局比例（标准比例），设置标注样式。
7	批量打印出图	1）删掉模型和不需要的布局； 2）批量打印图纸。

5 项目五

公园规划设计

公园，城市的礼物

【学习目标】

1. 知识目标

（1）能阐述公园的概念及不同类型公园的特点；

（2）能阐述公园规划设计的原则；

（3）能阐述公园的功能分区类型及各区的设计要点；

（4）能阐述公园园路的功能及类型；

（5）能阐述公园植物配置的原则。

2. 能力目标

（1）能遵循公园现有场地元素进行现状分析；

（2）能绘制公园功能分区图；

（3）能绘制公园交通分析图及亮化分析图；

（4）能绘制公园总平面图；

（5）能绘制公园立面图、局部效果图及鸟瞰图；

（6）能制作公园设计文本；

（7）能绘制公园植物种植施工图。

3. 素养目标

（1）能遵守国家和地方关于公园规划设计的相关规范；

（2）具备勤于思考、善于动手、勇于创新的精神；

（3）具有团队合作精神。

工作任务 5.1　公园场地前期分析

职业能力 1　基础资料和公园场地调研与分析

【核心概念】

公园绿地：向公众开放，以游憩为主要功能，兼具生态、景观、文教和应急避险等功能，有一定游憩和服务设施的绿地。

公园基础资料：包括地方性城市绿地系统规划；场地所属地区的地域性植被分布；当地气象、土壤、水文、地质的基本概况；地方志中提到的古树名木以及与植物相关的典故等资料。

【相关知识】

一、公园的类型

按照《城市绿地分类标准》(CJJ/T 85-2017)，城市建设用地中公园绿地分为综合公园、社区公园、专类公园（动物园、植物园、历史名园、遗址公园、游乐公园、其他专类公园）和游园四类。

二、基地资料调研与分析的主要内容

（1）设计用地的基本特征；
（2）设计用地存在的主要问题、设计的限制因素是什么；
（3）设计用地的发展潜力如何；
（4）应该保留和强化的方面、应该被改造或修正的方面；
（5）如何发挥用地的功能；
（6）对设计用地的总体感觉和第一反应如何。

三、公园用地分析的主要内容

（1）用地位置及周围环境的关系。
（2）地形：主要调查场地的坡度、地形形态、变坡点。
（3）水文与排水：需了解场地内水源的位置及容量；水源流动方向和流域面积；维系植物生长的水质情况；年度洪水循环周期及洪水水位等。这些将直接影响到植物种类的选择；
（4）土壤：深入了解场地土壤类型，对制定种植计划起着十分重要的作用。根据项目情况，选择性测定土壤的理化性质，包括 EC 值，pH 值，氮、磷、钾含量等。
（5）植物：现状植物对于景观有着重要的影响，尤其是现状大树的利用，对园林景观风貌起着非常重要的作用。对场地内现有植物资源的调研，包括植物种类、体量(如胸径、高度、冠幅等)。对树木的生长状况、寿命进行评估，对病虫害的敏感程度以及对养护的要求等均要作出评价。还必须对原有树木与新建筑物及道路等的关系做出精确分析，以便使这些保留下来的树木在总体设计中发挥其最大的作用及效益，并应尽可能保证其继续自然伸长。至于原有的外观美观的树木，则可在新的设计中用于构成景点。

（6）小气候：年温度变化、风向风力、降水和湿度、冰冻线深度。
（7）原有建筑物与构筑物：位置、质量、体量、形式、风格，是否需要保留或可以改造利用。
（8）公用设施：各类管线及埋深、走向。

（9）视线：视角和风景的品质。

（10）空间与感觉：空间是指由植物或园林建筑形成的、人可进入休憩或活动的空间，人在其中具有一定的控制感。空间特征为静态的、向心的、内聚的，空间垂直面与顶面的特征突出。空间尺度以人体尺度为参照，人在空间中感觉空间具有可控制性，具有一定的心理安全感。

【案例教学】

西京湾文化公园场地前期分析

【活动设计】

1. 场所：公园
2. 工具：测量工具（卷尺、手持 GPS）、铅笔、黑水笔、速记本等
3. 活动实施

表 5–1《基础资料和公园场地调研与分析》活动实施表

序号	步骤	操作及说明
1	任务书解读	1）明确公园规划设计用地范围； 2）审阅业主的要求，明确目的。
2	场地现状拍照	运用照相工具对整个场地内部现状（植被、水体、建筑等）及周边环境（外部道路、公共设施、相邻建筑或构筑物、植物、水体、可借景因素等的位置、方向、风格、空间特征等）进行拍照，方便后期分析。
3	绘制现状图	用简洁、清晰的图例将实地勘察时观察到的内容标注清楚。
4	现场打点实测	对整个场地进行实际测量，包括场地长度、宽度以及高差的测量，绘制底图，为后期设计提供基础数据。
5	绘制现状图	用简洁、清晰的图例将实地勘察时观察到的内容标注清楚。

职业能力 2　人文环境调查与分析

【核心概念】

人文环境：指由于人类活动不断演变的社会大环境，是人为因素造成的、社会性的，而非自然形成的。

人文景观：又称文化景观。指在自然景观的基础上，叠加了文化特质而构成的景观，包括文物古迹，革命活动地，现代经济、技术、文化、艺术、科学活动场所形成的景观以及地区和民族的特殊人文景观等。

【相关知识】

人文环境调查与分析的主要内容：场地的历史沿革与发展，文物古迹的特色，如历史遗迹等。城市布局的特色；建筑风格、空间景观的特色；其他物质或非物质方面的特色，人文、土产、工艺美术、民俗、风情等。

人文景观可分为以下四类：

1. 文物古迹

包括古文化遗址、历史遗址、古墓、古建筑、古园林、古窟穴、摩崖石刻、古代文化设施及其他古代经济、文化、科学、军事活动遗物、遗址和纪念物。例如，北京的故宫、北海，西安的兵马俑，甘肃莫高窟石刻以及象征我们民族精神的古长城等这些闻名于世的游览胜地，都是前人为我们留下的宝贵人文景观。

2. 革命活动地

现代革命家和人民群众从事革命活动的纪念地、战场遗址、遗物、纪念物等。例如，新兴的旅游地井冈山除了有如画的风景外，也具有“中国革命的发源地、老一辈革命家曾战斗过的地方”这些人文因素，无疑使其成为特殊的人文景观。而大打“鲁迅牌”的旅游城市绍兴，起主导作用的鲁迅故居、三味书屋、鲁迅纪念堂等旅游点也都是这类人文景观。

3. 现代经济、技术、文化、艺术、科学活动场所形成的景观

例如，高水准的音乐厅、剧院及各种展览馆、博物馆。像农业示范园、农业观光园这样把科研、科普、观赏、参与结合为一体的符合新时代要求的观光地也是此类人文景观的一种。

4. 地区和民族的特殊人文景观

包括地区特殊风俗习惯、民族风俗，特殊的生产、贸易、文化、艺术、体育和节目活动，民居、村寨、音乐、舞蹈、壁画、雕塑艺术及手工艺成就等丰富多彩的风土民情和地方风情。例如，近几年的旅游“旺地”云南，除得天独厚的自然条件外，还有赖于居住于此的各民族独特的婚俗习惯、劳作习俗，不同的村寨民居形式、服饰、节日活动等。

【案例教学】

西京湾文化公园场地人文环境调查与分析

【活动设计】

1. 场所：公园
2. 工具：电脑、铅笔、速记本
3. 活动实施

表 5-2《人文环境调查与分析》活动实施表

序号	步骤	操作及说明
1	网络调查	通过网络，利用大数据分析公园所在区域的历史人文特征、区域气候条件、区域现状人文特征、历史环境变迁、建筑环境特质等，得出最准确可靠的调研结果。
2	记录文化细节	实地勘查，记录能反映本地地域性文化的事物，包括传说、构筑、景观小品以及当地具有标志性的构筑，为后期人文分析、地域分析提供资料。
3	问卷调查	通过对场地的基本分析，制作一份具有针对性的调查问卷，发放给该场地及其周围的人群，开展群众调查，明晰使用者对于地块目前存在问题的看法和未来可发展方向的期望。
4	整理资料	在得到大量关于场地的文字、数据、图像等调研资料之后，需要依据项目主题进行资料整合，并将得到的最终数据通过图像化的过程进一步提炼和整理，依此提出主要设计问题，并具体结合场地的限制条件与发展潜力，发展生成设计概念。

职业能力 3　区位与周边环境的分析

【核心概念】

区位（location）：主要指公园占有的场所，但也含有位置、布局、分布、位置关系等方面的意义。

区位分析：是对公园的具体区位进行详细的分析解读，从中抽离出能够辅助决策的相关内容或结论。

【相关知识】

一、区位信息

大部分设计最开始都需要给一个区位概况的分析图，分析场地自身状况，是城市还是乡村，是原生态自然的还是人为干预影响过多的，不同背景导向的分析及设计也不同，信息包括但不限于场地的详细信息，主要有道路名称、地址、主要景点、地标、必要的距离信息等。分析场地周边城市用地性质、场地与周边的主从关系；确定场地的功能及服务范围。

二、区位分析的主要内容

区位分析可分为交通区位分析、地理区位分析及其他与方案内容相关的区位分析等。

1. 交通区位

也就是项目地的内外交通条件。主要是系统分析项目的外部可进入性，也可以把内部的交通组织情况放到本部分来一起分析。结合项目情况，选取适当的方面来分析。例如，项目是景区公园，则要分析当地机场、高铁站、交通枢纽等与项目地的联系等。

2. 地理区位

也指自然区位，即当地的自然地理情况、风向、气候等条件，也对公园项目的选址和落位有较大影响；周边的地理山川对其景观布局亦是关系重大。如果在方案完成后，发现地理区位分析部分仅是摘录了甲方提供的资料，显然是不合格的。

三、周边环境调查

除了要熟知场地内的基本情况之外，还要了解场地所属城市的绿化用地状况，如城市绿化整体面貌、城市各类型绿地的概况以及苗圃用地的苗木情况等，以便更加准确地把握规划用地特征。

现状分析是对场地解读的过程。利用人工判读结合地理信息技术，对收集到的信息进行分析，总结出营造植物景观的优势和限制性条件。

【案例教学】

西京湾文化公园场地区位分析与周边环境的分析

【活动设计】

1. 场所：公园
2. 工具：铅笔、速记本、电脑
3. 活动实施

表 5-3《区位与周边环境的分析》活动实施表

序号	步骤	操作及说明
1	了解场地周边交通流线情况	通过卫星图以及底图，了解场地周边交通流线，城市主干道、车流流向、人流流向以及交通公共设施（公交站、地铁站等）的位置等。
2	了解场地周边地块的用地性质	查找资料或实地勘察，确认周边地块的用地性质，明确服务对象和功能属性。有利于后期方案设计的总体规划和思路。
3	绘制区位分析图	1）首先找到一张符合要求的中国地图。 2）再拼合一张公园基地所在城市的地图作为分析底图。可使用百度地图缩放至合适的比例，然后分区进行截图，最后在 PS 软件里拼合成一个完整的地图。 3）利用百度地图或者其他的地图，找到公园基地的具体位置，将地图缩放合适的比例，然后分区进行截图，再在 PS 软件里拼合成一个完整的项目用地地图。 4）区位分析图的构图，在 PS 或者 Adobe InDesign（简称 ID）上进行构图，布置到图片位置大小和文字的位置大小。将上面提到的中国地图、城市地图、项目的具体用地地图，插入到设计好的构图模板中。 5）按从大到小的顺序标定各个区位的名称和位置。需要注意的是，需要在大的区位地图中标定下一个层级的位置和名称，具体可以参看图示。最后需要进行项目区位分析的总结。

工作任务 5.2 公园方案构思与推敲

职业能力 4　公园相关案例分析

【核心概念】

公园相关案例分析：在方案设计前进行的相关公园绿地优秀案例搜集，通过对典型案例的剖析，以期对接下来的本案设计提供思路和帮助。

【相关知识】

一、公园案例分析的目的

（1）深入了解同类项目目前的状态；
（2）通过对案例的研究，寻找可以借鉴的地方；
（3）对不同条件背景的案例研究，学习如何运用相应的方法解决问题。

二、公园案例分析的主要内容

不同的公园案例根据需求不同，分析侧重点也是不同的。有些项目，要学习平面以及空间的布局，有些要学习支撑这个方案的理论框架，有些则是巧妙解决场地问题的方式。有侧重点和分类的分析方案，能够快速建立起设计库，提高分析方案的效率。

案例分析五大要点总结：项目前期诉求、设计概念亮点、平面生成的方式、项目理论支撑、具体空间营造，这类似于设计一个方案的过程，通过这些分析，才能够较为完整地学习一个方案，真正弄懂它的设计流程。在具体分析过程中，应该有侧重点地分析这五个方面。

【案例教学】

杭州良渚劝学公园和南京惠济寺遗地文化公园分析

【活动设计】

1. 场所：设计室或制图室
2. 工具：铅笔、钢笔、针管笔墨线、水彩、水粉、彩铅等、图纸或电脑（含 CAD、PS、SU 软件）
3. 活动实施

表 5-4《公园相关案例分析》活动实施表

序号	步骤	操作及说明
1	明确设计类型，寻找相关意向图	查阅网站或书籍资料，寻找相关的设计意向图，从中获得设计思路。
2	查找相关案例	分析相关案例，提取设计思路，明确功能需求。

职业能力 5　公园规划设计方案推敲

【核心概念】

方案推敲：通过前期的分析及优秀案例的剖析，从划分空间词汇，空间如何影响人心理，再融入方案元素，一步步推敲出方案。

【相关知识】

一、公园绿地设计原则

公园绿地是城市绿地系统的重要组成部分，其规划设计要综合体现实用性、生态性、艺术性、经济性，并遵循以下原则：

1. 满足功能，合理分区

公园绿地的规划布局首先要满足功能要求。公园绿地有多种功能，除调节温度、净化空气、美化景观、供人观赏外，还可使城市居民通过游憩活动和接近大自然，达到消除疲劳、调节精神、增添活力、陶冶情操的目的。不同类型的公园绿地有不同的功能和不同的内容，所以分区既要考虑功能，还要善于结合用地条件和周围环境，把建筑、道路、水体、植物等综合起来组成空间。

2. 园以景胜，巧于组景

公园绿地以景取胜，由景点和景区构成。景观特色和组景是公园绿地规划布局之本，即所谓"园以景胜"。组景应注重意境的创造，处理好自然与人工的关系，充分利用山石、水体、植物、动物、天象，塑造自然景色，并把人工设施和雕琢痕迹融于自然景色之中。

3. 因地制宜，注重选址

公园绿地规划布局应该因地制宜，充分发挥原有地形和植被优势，结合自然，塑造自然。为了使公园绿地的造景具备地形、植被和古迹等优越条件，公园绿地选址则具有重要意义，务必在城市绿地系统规划中予以落实。

4. 组织游赏，路成系统

园路的功能主要是作为导游观赏之用，其次才是供管理运输和人流集散。因此，绝大多数的园路都是联系公园绿地各景区、景点的导游线、观赏线、动观线，所以必须注意景观设计，如园路的对景、框景、左右视觉空间变化，以及园路线形、竖向高低给人的心理感受等。

5. 突出主题，创造特色

公园绿地规划布局应注意突出主题，使其各具特色。主题和特色除与公园绿地类型有关外，还与园址自然环境和人文环境（如名胜古迹）有密切联系。公园绿地的主题因园而异，为了突出公园绿地主题，创造特色，必须有相适应的规划结构形式。

二、公园出入口

公园出入口的位置选择与详细设计对于公园的设计具有重要的作用，它的影响与作用体现在以下几个方面：公园的可达性程度、园内活动设施的分布结构、人流的安全疏散、城市道路景观的塑造、游人对公园的第一印象等。出入口的规划设计是公园设计成功与否的重要一环。

1. 位置与分类

出入口位置的确定应综合考虑游人能否方便地进出公园，周边城市公交站点的分布，周边城市用地的类型，是否能与周边景观环境协调，避免对过境交通的干扰以及协调将来公园的空间结构布局等。出入口包括主要出入口、次要出入口、专用出入口三种类型，每种类型的数量与具体位置应根据公园的规模、游人的容量、活动设施的设置、城市的交通状况安排，一般主要出入口设置一个，次要出入口设置一个或多个，专用出入口设置一到两个。

主要出入口应与城市主要交通干道、游人主要来源方位以及公园用地的自然条件等诸因素协调后确定。主要出入口应设在城市主要道路和有公共交通的地方，同时要使出入口有足够的人流集散用地，与园内道路联系方便，城市居民可方便快捷地到达公园内。

次要出入口是辅助性的，主要为附近居民或城市次要干道的人流服务，以免公园周围居民需要绕大圈子才能入园，同时也为主要出入口分担人流量。次要出入口一般设在公园内有大量集中人流集散的设施附近，如园内的表演厅、露天剧场、展览馆等场所。

专用出入口是根据公园管理工作的需要而设置的，为方便管理和生产及不妨碍园景的需要，多选择在公园管理区附近或较偏僻、不易为人所发现处，专用出入口不供游人使用。

2. 出入口的规划设计

公园出入口设计要充分考虑到它对城市街景的美化作用以及对公园景观的影响，出入口作为给游人第一印象之处，其平面布局、空间形态、整体风格应根据公园的性质和内容来具体确定。

公园出入口所包括的建筑物、构筑物有：公园内（外）集散广场、公园大门、停车场、存车处、售票处、收票处、小卖部、问讯处、公用电话、寄存处、导游牌等。园门外广场面积大小和形状要与下列因素相适应：公园的规模、游人量，园门外道路等级、宽度、形式，是否存在道路交叉口，临近建筑及街道里面的情况等。根据出入口的景观要求、服务功能要求及用地面积大小，可以设置水池、花坛、雕像、山石等景观小品。

三、综合布局

公园的布局要有机地组织不同的分区，使各区间有联系而又有各自的特色，全园既有景色的变化又有统一的艺术风格。对公园的景色，要考虑其观赏的方式，何处是以停留静观为主，何处是以游览动观为主。静观要考虑观赏点、观赏视线，往往观赏与被观赏是相互的，既是观赏风景的点，也是被观赏的点；动观要考虑观赏位置的移动要求，从不同的距离、高度、角度、天气、早晚、季节等因素可观赏到不同的景色。公园景色的观赏要组织导游路线，引导游人按观赏顺序游览。景色的变化要结合导游线来布置，使游人在游览观赏的时候，看到一幅幅有节奏的连续风景画面。导游线常用道路广场、建筑空间和山水植物的景色来吸引游人，按设计的艺术境界，循序游览，可增强造景艺术效果的感染力。如要引导游人进入一个开阔的景区时，先使游人经过一个狭窄的地带，使游人从对比中更加强化这种艺术境界的效果。导游线应该按游人兴致曲线的高低起伏来组织。由公园入口起，即应设有较好的景色，吸引游人入园。导游线的组织是公园艺术布局的重要设计内容。

公园的景色布点与活动设施的布置要有机地组织起来。在园中要有构图中心，在平面布局上起游览高潮作用的主景，常为平面构图中心；在立体轮廓上起观赏视线焦点作用的制高点，常为立面构图中心。平面构图中心、立面构图中心可以分为两处。

平面构图中心的位置，一般设在适中的地段，较常见的是由建筑物、中心场地、雕塑、岛屿、“园中园”及突出的景点组成。各景区可有次一级的平面构图中心，以衬托补充全园的构图中心。两者之间既有呼应与联系，又有主从的区别。

立面构图中心较常见的是由雄峙的建筑和雕塑，耸立的山石，高大的古树及标高较高的景点组成。如颐和园以佛香阁为立面构图中心。立面构图中心是公园立体轮廓的主要组成部分，对公园内外的景观都有很大的影响，是公园内观赏视线的焦点，是公园外观的主要标志。

公园立体轮廓由地形、建筑、树木、山石、水体等的高低起伏而形成。常是远距离观赏的对象及其他景物的远景。在地形起伏变化的公园里，立体轮廓必须结合地形设计，填高挖低，造成有节奏、有韵律感、层次丰富的立体轮廓。

在地形平坦的公园中，可利用建筑物的高低、树木树冠线的变化构成立体轮廓。公园中常利用园林植物的体形及色彩的变化种植成树林，形成在平面构图中具有曲折变化的、层次丰富的林缘线，在立面构图中，具有高低起伏、色彩多样的林冠线，增加公园立体轮廓的艺术效果。造园时也常以人工挖湖堆山，造成具有层次变化的立体轮廓。

公园规划布局的形式有规则的、自然的与混合的三种：

规则的布局强调轴线对称，多用几何形体，比较整齐，有庄严、雄伟、开朗的感觉。当公园设置的内容需要形成这种效果，并且有规则地形或平坦地形的条件，适于用这种布局的方式。

自然的布局是完全结合自然地形、原有建筑、树木等现状的环境条件或按美观与功能的需要灵活地布置，可有主体和重点，但无一定的几何规律。有自由、活泼的感觉，在地形复杂、有较多不规则的现状条件的情况下采用自然式比较适合，可形成富有变化的风景视线。

混合的布局是部分地段为规则式，部分地段为自然式，在用地面积较大的公园内常采用，可按不同地段的情况分别处理。例如，在主要出入口处及主要的园林建筑地段采用规则的布局，安静游览区则采用自然的布局，以取得不同的园景效果。

【案例教学】

西京湾文化公园方案推敲

【活动设计】

1. 场所：设计室或制图室
2. 工具：铅笔、钢笔、针管笔墨线、水彩、水粉、彩铅等、图纸或电脑（含 CAD、PS、SU 软件）
3. 活动实施

表 5-5《公园规划设计方案推敲》活动实施表

序号	步骤	操作及说明
1	了解服务人群的功能需求	合理划分空间关系，保证以人为本的核心，首要满足功能为人服务的原则。对整个景观大区进行功能空间的合理划分。
2	勾勒草图	公园方草图方案构思的三个步骤： 1）一草：项目认知环境（场地现状环境、周围环境、建筑环境），推敲功能和交通； 2）二草：深化推敲，确定具体的空间大小、形式和主要景点； 3）三草：深化推敲，各景观元素（植物、铺装、景观构筑物和小品、形式）。
3	不同空间区融入设计元素	结合不同的景观空间的划分，将设计元素贯穿到这些空间中，将空间赋予文化、情感的符号。

工作任务 5.3 公园方案规划设计

职业能力 6　绘制公园总平面图

【核心概念】

公园总平面图：用水平投影法和相应的图例，在画有等高线或加上坐标方格网的地形图上，画出公园规划设计范围内新建、拟建、原有的建筑物、构筑物、景观小品、道路、广场、水体、植物等园林要素的图样称为总平面图。总平面图主要表示整个公园基地的总体布局，总图中的绿地率、建筑占地、停车位、道路布置等应满足设计规范和当地规划局提供的设计要点。

【相关知识】

一、园林要素

1. 地形

“地形”是“地貌”的近义词，是地球表面三维空间的起伏变化，即地表的外观。地形是户外环境中一个非常重要的因素。

地形直接影响着外部空间的美学特征、人们的空间感，影响着视野、排水、小气候以及土地功能结构。景观中其他所有要素均有赖于地平面，所以风景园林设计师如何塑造地形，直接影响着建筑物的外观和功能，影响着植物素材的选用和分布，也影响着铺地、水体以及墙体等诸多因素。

2. 植物

园林植物材料是指各类野生或人工栽培的木本植物，这些植物包括从地被植物到高大乔木。

植物不仅是装饰因素，还具有许多重要的作用，如构成室外空间，障景或框景，改变空气质量，稳定土壤，改善小气候和补充能源消耗，以及在室外空间设计中作为布局元素。植物应在设计程序的初期，作为综合要素与地形、建筑、铺地材料以及园址构筑物一同加以分析研究。在利用植物进行设计时，它们的大小、形体、色彩及质地被当作可变的模式，以满足设计的实用性和观赏效果。

3. 建筑物

建筑物能构成并限制室外空间，影响视线、改善小气候，以及能影响毗邻景观的功能结构。在限制户外空间的构架工程中，应力求做到利用恰当的地形处理、同一材料的反复使用、建筑物的平面布局以及建筑物入口的过渡空间等方法，从视觉上和功能上将建筑物与其周围环境协调地连接在一起。

4. 铺装

铺装材料，是指具有任何硬质的自然或人工的铺地材料。在室外环境中，铺装地面既能满足实用功能，又能达到美学的需要。选择铺装材料应考虑与其他设计要素的相互配合，使之浑然一体。

5. 构筑物

园林构筑物指景观中那些具有三维空间的构筑要素。景观构筑物主要是除房屋建筑以外的供观赏休憩的各种构筑物，如花架、廊架、亭子、走廊、门楼、平台、栅栏等。在室外环境中，景观构筑物是出于满足对地形改造、场地设计、安全防护、空间围合等需要，是在原环境中功能和形态上的必要补充和外延，同时也成为环境景观的重要元素。

6. 水体

水的特性是其本身的形体和变化依赖于外在的因素。在设计时，应首先研究容体的大小、高度和底部的坡度。还有些不能加以控制的因素，如阳光、风和温度，它们都能影响水体的观赏效果。平静的水在室外环境中能起到倒映景物的作用，一平如镜的水使环境产生安宁和沉静感，流动的水则表现环境的活泼和充满生机感，而喷泉犹如一惊叹号，强调着景观的焦点。运用水的这些特性，能使室外环境增加活力与乐趣。

二、景观空间的类型

1. 按构成形式分

（1）点状景观：点景是相对于整个环境而言的，其特点是景观空间的尺度较小且主体元素突出，易被人感知与把握。一般包括住宅的小花园、街头小绿地、小品、雕塑、十字路口、各种特色出入口。

（2）线状景观：主要包括城市交通干道，步行街道及沿水岸的滨水休闲绿地。

（3）面状景观：主要指尺度较大，空间形态较丰富的景观类型。从城市公园、广场到部分城区，甚至整个城市都可作为一个整体面状景观进行综合设计。

2. 按活动性质分

（1）休闲空间：指供大家休息、放松的环境空间，如公园、居住区广场、游乐场、步行街等。

（2）功能空间：指具有不同的使用功能的公共场所，如住区公园、游园、组团绿地等。

3. 按人际关系分

（1）公共性空间：一般指尺度较大，开放性强，人们可以自由出入，周边有较完善的服务设施的空间，人们可以在其中进行各种休闲和娱乐活动，因此又被形象地称为“城市的客厅”。

（2）半公共性空间：有空间领域感，对空间的使用有一定的限定。

（3）半私密性空间：领域感更强，尺度相对较小，围合感较强，人在其中对空间有一定的控制和支配能力。如门前开敞式花园、宅间空地、安静的小亭等地方。

（3）私密性空间：是四种空间中个体领域感最强，对外开放性最小的空间，一般多是围合感强尺度小的空间，有时又是专门为特定人群服务的空间环境，如住宅庭院、公园里偏僻幽深的小亭等。

三、景观空间常见的形态

（1）下沉式空间和抬高式空间：下沉式空间具有隐蔽性、保护性、宁静感，属半私密性空间，如下沉式广场；抬高式空间的特点类似舞台，突出醒目，较适于标志性物体。

（2）凹凸空间：是一面相对封闭、另一面相对开放的空间类型。凹入面较安静，少受干扰，是外环境中的私密性、半私密性空间常采用的形式；突出空间的特性与凹入空间正好相反，开放性强。

（3）穿插空间：作用是对人流的组织和分散，各空间更具有艺术性。

（4）母子空间：指大空间内围合出小空间，有亲切感，具有私密与公共、封闭与开放并存的特点。可满足不同人的不同心理需求。

（5）虚拟空间和虚幻空间：虚拟空间指在已界定的空间中，用局部变化再次限定的空间；虚幻空间是镜面反射原理的一个运用，可丰富空间的层次、增加空间的深度。

四、空间层次设计原则

（1）景观空间的边界：边界的出现，有助于让人们从心理上感到进入另外一个空间。增强对外环境空间的领域感，同时也界定了空间范围。可以利用绿篱、栏杆、矮墙、高差、台阶、坡道、建筑物的外墙等进行边界的划分。空间引导：可以通过道路、台阶、坡道、标牌、空间导向物等能够表达一定方向的设施的指示，向人们暗示前面空间的到来。

（2）景观空间的视觉层次：处理好前景、中景和背景的关系，反映更多的内涵。景观环境应有视觉层次，同时考虑各个角度的观瞻，形成多角度、多层次的景观环境。

五、局部空间设计原则

景观空间中有相对独立意义的小空间，是景观环境的重要组成部分。一般来说有休息的空间、行走的空间、聆听的空间、注目的空间等。

（1）水平方向空间设计：根据景观的功能要求，通过墙体（直面、曲面、折面等各种造型）、肌理变化、色彩变化以及绿化隔断、设施等实体来划分空间平面，丰富空间形象。

（2）垂直方向空间设计：使基面下沉或抬高营造下沉式空间或抬高式空间，增加空间垂直方向的变化；利用构件、桥等在空中架起，形成多层次的景观空间。

六、景观空间的艺术设计手法

（1）起伏：景观地面的高低起伏，会隐藏或暴露部分景物，突起部分会遮挡人的视线，使人心里产生好奇，增加空间的趣味性和吸引力，同时也丰富了空间层次。

（2）曲折：曲折手法的运用同样可以丰富空间层次，增加人的停留时间，使人产生余味无穷的妙趣，并使空间产生深邃的意境。

（3）借景与框景：借景指把外部的景观引入内部空间，充分利用环境有利条件丰富空间的视觉效果。框景指外部的景观通过门洞、窗框等得到强化，营造景观气氛。

相关图片

【案例教学】

西京湾文化公园方案规划设计

【活动设计】

1. 场所：设计室
2. 工具：电脑（含 CAD、PS 软件）
3. 活动实施

表 5-6《绘制公园总平面图》活动实施表

序号	步骤	操作及说明
1	绘图环境设置	1）打开甲方提供的公园原始地形 dwg 文件。 2）绘图单位设置：执行 un 命令，设置“精度”为 0，“用于缩放插入内容的单位”为毫米，单击“确定”。 3）图层及特性设置：①执行 t 命令，选择“加载”，选择“DOT”，单击“确定”；再次选择“加载”，选择“BORDER”，单击“确定”，返回“线形管理器”；单击“确定”，确认加载。②执行 la 命令，新建“样图”“园建”“景观”“道路”“园植”“轮廓”“底图”“辅助线”“铺装”“L- 景观”“边界”“文字”“尺寸”等图层，双击图层根据不同图层内容特性设置其颜色及线形。
2	图像插入和比例设置	1）图像插入： ①在图层工具栏的下拉列表框中，单击“样图”，把“样图”层置为当前，从“插入”菜单执行“附着”命令，在“选择参照文件”的对话框中，从“文件类型”中选择“所有图像文件”，在路径中找到存放“三草”草图图像文件的位置，在文件列表框中，双击文件名，在“附着图像”对话框中单击“确定”，在绘图区单击指定插入点，按 1:1 插入图像。 ②把“轮廓”层置为当前，执行 k 命令，描出边界和主要地形地貌的轮廓。从图层工具栏的列表框中，单击“样图”的“开 / 关”关闭“样图”。单击“边界”，把“边界”置为当前。执行 rec 命令，指定轮廓的左下角点和右上角点。完成绘图边界的绘制。 2）调整比例：执行 sc 命令，输入 all，回车确认，指定边界的左下角点为基点，输入图片的实际比例（可以执行 di 命令测量图长，用实际长度除以测量长求得，本例为 500）；也可以用“参照”方式进行缩放，将图形放大到实际大小。 3）设置并打开图层界限：执行 limits 命令，设置左下角点时捕捉边界的左下角点输入；设置右上角点时捕捉边界的右上角点输入。回车再次执行命令，选择 on，回车确认。
3	总平面图绘制	1）打开公园原始地形 dwg 文件，根据实地调研的数据，核正原始地形图。 2）“景观”图层图形绘制：在图层工具栏中选择“景观”层，把“景观”层置为当前，在此图层上描绘“三草”底图的景观，精确其尺寸（以常规尺寸为准，异形除外）。 3）“道路”绘制：把“道路”图层置为当前，执行 pl 命令，根据“三草”底图描绘道路，执行 O 命令，根据不同等级道路的宽度标准输入偏移尺寸。 4）“地形图”绘制：将“L- 景观”层置为当前，执行 spl 命令，依次输入控制点，完成微地形等高线的绘制。 5）“树图形”绘制：将“园植”置为当前，执行 i 命令，按适当比例插入绘制好的树图例外部块，执行 co 命令，选择插入的树图形，指定中心为基点，进行复制。按设计要求采用多次复制模式插入，以完成树图形的绘制。

4	填色	1）AutoCAD 图形整理：由于树木、填充图案在 PS 中可以使用素材更好的表现效果，因此，在 AutoCAD 图形导入前，应利用 CAD 图层特性管理器，将这些图层设置为不打印或者关闭。另外，各类线要闭合，方便导入后选取。 2）AutoCAD 图形转换为 EPS 格式：在 CAD 中输出 EPS 格式文件的方法有两种：直接输出和虚拟打印。 ①执行文件→输出命令，打开文件输出对话框，在文件类型栏里面找到 eps 文件类型，然后浏览需要保存的目录，点击保存即可。 ②虚拟打印输出 EPS 格式文件： 安装文件打印机驱动。文件打印机是一种虚拟的电子打印机，是用来将 AutoCAD 图形转换成其他文件格式的程序。在 AutoCAD 中，单击“文件”→“绘图仪管理器”，然后双击“添加绘图仪向导”。 弹出“添加绘图仪→简介”窗口，单击“下一步”， 直到弹出如下所示对话框，继续单击“下一步”， 到弹出如下所示对话框。在这里为便于识别，可重命名绘图仪名称为 eps，继续单击下一步，直到完成。 设置打印布局。单击“文件”→“打印”，进行虚拟打印。打印机 / 绘图仪名称选择 eps.pc3，复选“打印文件”，选择图纸尺寸为 ISOA1，打印样式选择“monochrome.ctb”，得到黑白线条图。打印范围选择“窗口”“居中打印”，打印选项选择“按样式打印”，图像方向选择“横向”。 最后单击确定，保存文件，得到 EPS 格式文件。 3）EPS 格式文件输入 PS： ① AutoCAD 平面图的输入：启动 PS，打开 EPS 文件：在 PS 中单击“文件”→“打开”，或者在灰色图像编辑区空白处双击，打开从 AutoCAD 输出的 EPS 格式文件。 ②设置栅格化参数：EPS 是矢量图形格式文件，在 PS 中打开时会将其转换为图像，这种图形向图像的转换被称为栅格化，设置栅格化图像的分辨率和色彩模式。 ③新建图层并填充为白色作为背景：打开的图像背景是透明的，图像看上去不清晰需新建一个图层并填充为白色作为背景。 4）创建分类图层： 在 PS 中，将场地的不同对象分类绘制在不同的图层上，既可以有效防止产生大量无用的废层和空层，也方便修改。由于上层的对象会覆盖下层的对象，因此下层对象被覆盖部分不必镂空。以本案例为例，可创建道路草坪、铺装、构筑物、树木、水池等图层。 5）园林要素添加和渲染： 草坪、铺装、水池等对象在场地中都是闭合的区域，如果边界简单，可以用魔棒工具等选框工具在范围内单击或拾取获得选区；如果边界复杂，则需要先用钢笔工具将这些区域分别描绘成路径，然后将路径作为选区载入，按高度逐层向上填充颜色或图案。 ①草坪：点击图像原图层，用魔棒工具在需要填充草坪的空白处单击，载入选区。点击草坪图层，将前景色调成草坪色，在选区中填充前景色（Alt+Delete），然后取消选区（Ctrl+），完成草坪填充。另外，草坪的制作可以用浅绿色渐变模拟，再添加杂色；也可以用真实的草地素材进行图案填充；还可以利用仿制图章工具将真实的草坪素材涂抹到选择区域中。 ②道路、铺装：铺装一般由一些图案单元组成，采用图案填充易于操作，可以选用图像中的一个区域，也可以选择全图将其定义为图案。为使铺

4	填色	装效果仿真，可以对图层进行投影。一种图案一个图层，不能混在一起。 图案填充操作步骤如下： 打开铺装素材图片文件； 选择图像中某个区域或整幅图像，将其定义为图案； 单击绿地平面图窗口标题切换到该窗口； 选择“铺装”图层，右单击，选择“混合选项”，在弹出的对话框中勾选“图案叠加”，选择第二步中定义的图案，并进行缩放； ③水池：可采用与草地同样方法制作，整前景色和背景色为适当的蓝色。另外，也可以调入水面素材，使用“定义图案”填充，或者用仿制图章工具制作水体。 ④构筑物：坐凳、亭子可参照以上要素制作方法完成，如亭顶面可以用颜色渐变来模拟，也可以铺上瓦的贴图。也可以在 PSD 素材中找到图案，把图案拖入图层中，并缩放图案至合适的大小。 ⑤植物：平面图中的树木可以在 PSD 素材中选择合适的树木图案，把图案拖入图中，并缩放图案至合适的大小。每个树木图案会自动创建一个新图层，调整好所有的树的大小和位置后，可以将所有的树木图层合并为一层。按住 Alt，可以实现同种树木的快速复制。 ⑥添加投影：在需要加投影的图层上右击，然后在弹出菜单中选择“混合选项”。在弹出的窗口中勾选“投影”，对透明度、角度、距离等，结合实际情况加投影，最后确定完成。 ⑦添加比例尺、指北针：打开指北针的素材，拖入图中，缩放至合适的大小，在合适位置添加。
5	标注	标注相应文字、符号及红线

活动实施相关图片

职业能力 7　绘制公园功能分区图

【核心概念】

功能分区：公园规划工作中，分区规划的目的是满足不同年龄、不同爱好游人的游憩和娱乐要求，合理、有序地组织游人在公园内开展各项游乐活动。同时，根据公园所在地的自然条件，如地形、土壤状况、水体、原有植物、已存在并要保留的建筑物或历史古迹、文物情况，尽可能地“因地、因时、因物”而“制宜”，结合各功能分区本身的特殊要求，以及各区之间的相互关系、公园与周围环境之间的关系来进行分区规划。

【相关知识】

公园分区主要设置内容：不同类型的公园有不同的功能和内容，所以分区也随之不同，一般包括安静游览区、休闲娱乐区、儿童活动区、园务管理区等。

1. 安静游览区

安静游览区主要作为游览、观赏、休息陈列之用，一般游人较多，但要求游人的密度较小，故需大片的绿化林地。在公园内占的面积比例亦大，是公园的重要部分。安静活动的设施应与喧闹的活动隔离，以防止活动时受声响的干扰，又因这里无大量的集中人流，故离主要出入口可以远些，用地应选择在原有树木最多、地形变化最复杂、景色最优美的地方。

2. 休闲娱乐区

休闲娱乐区是进行较热闹的、有喧哗声响、人流集中的休闲娱乐活动区。园内一些主要建筑往往设置在这里，成为全园布局的重点。布置时也要注意避免区内各项活动之间的相互干扰，要使有干扰的活动项目相互之间保持一定的距离，并利用树木、建筑山石等加以隔离。因全园的重要建筑往往较多地设在这区域，故要有必需的平地及可利用的自然地形。

3. 儿童活动区

儿童活动区规模按公园用地面积的大小、公园的位置、少年儿童的游人量、公园用地的地形条件与现状条件来确定。公园中的少年儿童常占游人量的 15%~30%，但这个百分比与公园在城市中的位置关系较大，在居住区附近的公园，少年儿童人数比重大。规模大的与儿童公园类似，可设置学龄前儿童及学龄儿童的游戏场、戏水池、障碍游戏区、儿童运动场、阅览室、科技馆、种植园地等，规模小的只设游戏场地。游戏设施的布置要活泼、自然，最好能与自然环境结合。本区需接近出口，并与其他用地有分隔。有些儿童由成人携带，还要考虑成人的休息和成人照看儿童时的需要。需设置盥洗室、厕所、便利店等服务设施。

4. 服务设施

服务设施类的项目内容在公园内的布置受公园用地面积、规模大小、游人数量与游人分布情况的影响较大。在较大的公园里，可设有 1~2 个服务中心区，另再设服务点。服务中心区是为全园游人服务的，应按导游线的安排结合公园活动项目的分布设在游人集中较多、停留时间较长、地点适中的地方。设施可有：饮食、休息、电话、问询、寄存、租借和购物等项。服务点是为园内局部地区的游人服务的，并且还需根据各区活动项目的需要设置服务的设施。

5. 园务管理区

园务管理区是为公园经营管理的需要而设置的内部专用地区，可设置办公、值班、广播室、配电房、泵房、工具间、仓库、堆物杂院、车库、苗圃等。园务管理区要设置在既便于执行公园的管理工作，又便于与城市联系的地方，四周要与游人有隔离，对园内园外均要有专用的出入口，不应与游人混杂。区内要有车道相通，以便于运输和消防。本区要隐蔽，不要暴露在风景游览的主要视线上。为了对公园种植的管理方便，面积较大的公园里，在园务管理区外还可分设一些分散的工具房、工作室，以便提高管理工作的效率。

【案例教学】

西京湾文化公园规划方案设计

【活动设计】

1. 场所：设计室
2. 工具：电脑（含 CAD、PS 软件）
3. 活动实施

表 5-7《绘制公园功能分区图》活动实施表

序号	步骤	操作及说明
1	明确功能分区	了解场地性质和服务人群后，设置合理的功能分区，绘制分区泡泡图。
2	CAD 中绘制	在 CAD 中绘制出功能分区的景观节点。
3	导入 PS 软件	将 CAD 图纸打印程序中设置好各种选项，导出为相应的 PDF 文档，进行保存。将保存好的 PDF 直接拖入 PS 打开即可（也可设置相关参数）。
4	PS 绘制	运用钢笔工具在底图上描出各分区的区域范围，建立选区。 建立新图层，编写名称。用填充工具选择相应颜色填充，并调整图层参数。 依次进行。
5	PS 导出 JPG	绘制好的功能区图先进行保存。然后在“另存为”中选择另存为 JPG 格式进行保存。

活动实施相关图片

职业能力 8　绘制公园交通分析图及亮化分析图

【核心概念】

公园交通：是园林景观展示其空间组织结构和逻辑结构的流线，同时也是塑造园林景观美感和视觉形象的重要手段。

公园照明：为满足夜晚游园赏景的需求，城市公园绿地中通常都要设置园灯。利用夜色的朦胧与灯光的变幻，可使园林呈现出与白昼迥然不同的旨趣。而造型优美的园灯在白天也有特殊的装饰作用。

【相关知识】

一、公园游线设置

综合公园的园路功能主要作为导游观赏之用，其次才是供管理运输和人流集散。因此，绝大多数的园路都是联系公园各景区、景点的导游线、观赏线、动观线，所以必须注意景观设计，如园路的对景、框景、左右视觉空间变化，以及园路线形、竖向高低给人的心理感受等。

园路除供导游之外，尚需满足绿化养护、货物燃料、苗木饲料等运输及办公业务的要求。其中多数均可与导游路线结合布置，但属生产性、办公性及严重有碍观瞻和运输性的道路，往往与园路分开，单独设置出入口。

为了使导游和管理有序，必须统筹布置园路系统，区别园路性质，确定园路分级，一般分主园路、次园路和小径。主园路是联系分区的道路，次园路是分区内部联系景点的道路，小径是景点内的便道。主园路的基本形式通常有环形、8 字形、F 形、田字形等，这是构成园路系统的骨架。景点与主园路的关系基本形式第一是串联式，它具有强制性；第二是并联式，它具有选择性；第三是放射式，它将各景点以放射形的园路联系起来。

二、公园夜景亮化设计应符合以下要求

（1）应根据公园的功能类型、周边景观环境、主题风格和夜间照明灯具使用情况，确定公园的照度水平和选择合适的照明设计方式；

（2）应该避免溢散光对路人、周围环境以及园林生态的影响；

（3）公园公共活动区域的照度标准值应符合照明规范。

【案例教学】

西京湾文化公园规划方案设计

【活动设计】

1. 场所：设计室
2. 工具：电脑（含 CAD、PS、SU 软件）
3. 活动实施

表 5-8《绘制公园交通分析图及亮化分析图》活动实施表

序号	步骤	操作及说明
1	准备工作	将绘制好 JPG 格式的彩色总平面图拖入 PS 中直接打开，选择图像命令下调整，对彩色总平面图的饱和度、对比度、亮度等参数进行调整。
2	PS 绘制交通分析图	1）在弱化过的平面图上新建图层，并命名为“交通分析”； 在此图层中运用钢笔工具绘制交通流线，再用画笔工具描边路径； 标明公园出入口等。 2）标注，即标明不同线型、符号表示的道路等级、公园出入口具体位置等。
3	PS 绘制亮化分析图	1）在弱化过的平面图的基础上调低其亮度； 新建图层，并命名为“亮化分析”； 在此图层中运用画笔工具绘制亮化。 2）文字说明，注明亮化灯具的类型，亮化景观效果。

活动实施相关图片

职业能力 9　制作公园地形及构筑物模型

【核心概念】

公园 SU 模型：通过 Skechup 软件建模的方法来描述景观地形、构筑物的营造，表达风景园林师的意向和想法以及表现日后建成的实际景观效果，使设计思维从抽象到具体，从虚构到现实。

地理地形：指由地质构造内外动力相互作用而塑成的地球表面各种形态各异、高低起伏、多种多样的地形与地势。

城市景观微地形：在城市景观设计范畴，微地形是一种景观塑造技术，也是大地造型艺术，其中大部分是人工地形。

【相关知识】

一、微地形景观的类型

1. 按表现形式分类

自然式微地形景观：指利用原有地形，创造自然的微地形景观，或应用人工手段，通过流畅的曲线来模拟天然的地形地貌，从而营造出自然的风景，再配以土石、草坪、乔灌木等自然材料塑造而形成的地形类型。这种形式的微地形适用于较大的空间，如城市公园、城市绿地，活动场所等。自然式微地形景观的类型包括：土丘、小型草坪、自然式的水岸等。自然形式的地形能够给人一种自然亲切的感觉。

规则式微地形景观：指在微地形的设计过程主要运用硬质材料采用直线条，营造出层层叠叠的微地形，其形式多变，如现代景观设计中常用到的台阶、坡道、层层叠叠的假山石、下沉广场、人工驳岸、跌水景观、挡墙等。在城市园林绿地景观中的应用相对于自然式的更为广泛，是最为常用的表现方式。人工形式的微地形不仅适用于大的空间，同样适用于小的空间，可以根据空间的尺度进行相应的营造，应用起来更加的灵活，形式更加的丰富。这种微地形景观能够给人一种简单与规则的美感。但需要注意的是控制这种地形的比例，还需考虑到一些特殊人群对于这类地形使用的制约性。

2. 按平面形态分类

点式微地形景观：指面积不超过 100m² 的微地形景观，随意性比较强，由于体积较小，所以没有较大的限制。如小型的活动场地、小型休息场地、小草坪、土丘、小型水景、局部小品设施等。

线状微地形景观：指长与宽的比例大于 10 的微地形景观，也称为带状微地形景观。这种景观带有连续性，可以是整体的线性，也可以是由许多点式微地形景观组合而成的线状景观。如带状绿地、水体景观等。这种微地形景观存在连续性，可以形成连续的景观序列，除了单独存在之外常与其他景观元素相结合，组合成为微地形景观。它的形式可以是直线形的带状，也可以是蜿蜒曲折的带状，随周围环境和景观需要而变化。

面状微地形景观：指面积上超过 100m² 的微地形景观。在城市中主要表现为草坪绿地、水体景观、大面积的场地及设施等。由于它的面积相对较大，所以形式更为多变，它利用微地形的分割形成不同的景观空间，随之产生了公共性空间和私密性空间，要根据不同的功能需求合理地创造微地形景观。

组合式微地形景观：指不同尺度、形态、功能的微地形单元相互组合而形成的一个完整空间。

广泛用于城市休闲场地、公园、居住区等大型区域。空间内每一个微地形单元都是一个个体，又组合而成为一个整体，它们之间可以相互连接，也可以被道路等其他景观元素隔开。

二、城市公园景观中微地形设计的基本原则

1. 自然性

大自然景观是最美好的景物，在微地形景观设计时如果结合场地内的自然地形进行微地形处理，就会使人产生亲切感。对场地内原地形的利用与保护是在景观设计时必须遵循的基本原则。在进行微地形景观设计时，要想在一块场地上创造多种类型的景观效果，首先应该从场地现有地形状况考虑，在这基础上按功能和需求进行合理的改造和布局，使微地形景观更富于变化，并有利于空间的组织和视线的控制，通过与其他景观要素的相互配合，形成一个自然、优美的微地形景观空间。在处理微地形时可参照自然地形地貌的要求，再配以当地适合生长的景观植物，将微地形的处理和自然景观相互融合为一体，让微地形景观整体看起来更具美感。

2. 协调性

尽管微地形景观对城市景观起着重要的作用，但它仅仅是城市景观环境的一个部分，不足以称之为最重要的造景要素。景观是具有连续性的，而场地内的各项景观要素是相互联系、相互影响、相互制约的，彼此之间不可能独立，所以微地形造景不能脱离环境中其他景观要素的影响而孤立存在。城市现代化发展步伐的加快使得人们对于城市景观的要求更加严格，微地形的处理更要注重与周围其他事物的协调性。因此，在处理微地形时需联系周围现有的景观事物，使各类用地内的微地形景观设计在平面形式、竖向变化、植物、小品、建筑等方面形成统一的风格和完整的体系。因此，微地形造景设计要从整体出发，协调其他各种要素共同完成场地内的景观营造。每一块微地形的处理既要有利于丰富景观空间、有排水功能，又要满足植物的生长要求，还要与周围环境融为一体，力求达到彼此之间的位置和尺度相适宜，衔接自然的效果。

3. 生态性

由于缺乏合理的规划管制，随着城市建设开发，城市绿色生态空间逐步被侵占，正在逐步缩小。城市绿地景观发挥着隔离、美化、绿化、环保等多种功能，是一个城市生态建设的重要组成部分。如今城市景观环境朝着生态化的方向发展，注重生态功能的体现，所以微地形景观设计也应该充分体现其生态性。为了形成场地内良好的小气候，为人们创造舒适、生态的微地形景观环境，设计时选址要保证有充足的阳光照射的场地空间，这样可以延长人在户外活动的时间。还应充分考虑其他生态学原理。在平面与竖向上，结合考虑微地形对光照和风向的有利一面的利用和作用。因此，充分利用微地形景观的生态影响，有利于营造良好的城市户外环境。

微地形的设计通过不断创新，无论是从微地形的坡度处理，还是竖向关系、植物种植等方面都要有利于生态化环境营造。改善生态环境重在改善小气候、增加场地内绿化面积、提高生物多样性、减少噪声的污染和组织排水等。实现城市微地形景观环境生态化设计应该从构成微地形的每个因素的每个方面入手，从设计到塑造，将其生态化作用发挥到最大。同时，生态环境中的变化要有整体的一致性，过于复杂会产生乱的感觉。

4. 人性化

随着现代生活内容的日益丰富，城市景观作为为人们提供游览、休憩、娱乐、体育锻炼等活动的场所，其功能正在不断地拓展与增强，人性化的设计原则渐渐深入人心，在微地形景观设计的同时更应该充分考虑人的基本需求和切身感受。

在微地形景观设计时，要考虑不同人群的心理行为需求。例如，要考虑到微地形带来的不便，儿童由于对事物充满好奇心和求知欲，但是他们在玩耍的同时缺乏足够的安全意识；老年人由于身体原因活动能力有限，他们很容易受到微地形场地不良条件的影响。所以在设计时要考虑避免微地形高差变化过快过大，保证老年人和儿童的安全性。城市微地形景观也应满足人们赏

景的需求，微地形景观的创造要符合人们的审美观点，适合人们游憩，重在形成优美的景观环境。前面提到的生态性原则，不仅对改善场地内的生态环境有利，而且还可以为人们创造人性化的空间，利用微地形的变化对吸收光照和热量的影响，对风的影响，以及对噪声的阻碍，可以为人们创造舒适的环境，也体现了人性化的原则。

所以，在城市微地形景观设计中，设计者要考虑到一切设计都关系到人的生活与尺度，只有建立在对人的心理、行为分析的基础上，才能使微地形景观设计的内涵得到更大的延伸，忽视了这一点，设计就失去了它的灵魂，失去了它的实用性和功能性，而成了为设计而设计。因此在微地形景观的营造上，一定要多方面、多层次地考虑人的需要，才能达到环境与人的有机统一。

5. 科学性

在微地形景观设计时，要注意科学地造景。不能一味地只求形成微地形效果，而忽视了它本身的功能性与实用性。设计时要按照微地形的高低、大小、比例、尺度、外观形态等情况进行设计，这些方面的变化可以创造出丰富的地表特征，为景观变化提供依托的基质，设计时让它们之间互相协调，才能让微地形景观在某一空间内显得更加协调。如在较大的场地中，可以创造宽阔的微地形绿地，能展现大自然景观的效果，但在较小范围，可从水平和垂直两个方向来打破整齐单一的感觉，通过适当的微地形景观处理，可以形成更多的景观层次和空间，以精、巧形成景观精华。进行微地形景观设计时要科学地考虑各方面工程因素，这些是需要设计师们加以注意的地方。

6. 艺术性

艺术性指艺术品经过不同的艺术手段的处理，从而达到反映人们社会生活、表现人们思想情感的程度。艺术性是景观设计最重要的基本属性，微地形景观设计的艺术性对景观空间能起到丰富作用，让人们能有艺术性的感受，是提升视觉美感的重要因素。它最直观的表现在其形式上，主要体现在其材质的自然属性，如色彩、形状、线条等，和它的组合规律，如节奏与韵律、对比与统一等。除此之外，形式美也有其特定的内容，是微地形景观本身所包含的某种意义，是设计者想表现的艺术性的内容。如红色表热烈，白色表纯洁，直线表坚硬，曲线表流动，方形表刚劲，圆形表柔和，整齐表秩序，变化表活泼等，都体现着微地形景观的艺术性出于塑造出良好的微地形景观空间的需求。微地形景观的设计在平面上、竖向上以及整体感觉上，且不仅是景观工程设施，还应该赋予其深刻的文化内涵，这种文化内涵的体现也是增强艺术性的重要体现。

相关图片

【案例教学】

西京湾文化公园方规划案设计

【活动设计】

1. 场所：设计室
2. 工具：电脑（含 CAD、SU 软件）
3. 活动实施

表 5-9《制作公园地形及构筑物模型》活动实施表

序号	步骤	操作及说明
1	准备工作	在 DWG 文件中根据实际情况把不需要的线条、图层全部清除掉。
2	导入 CAD 图纸	将整理好的 CAD 总平图导入 SU 软件。
3	创建景观	封面把 DWG 图形导入 SKP 模型文件里后，自动成为一个组，这个组里的所有线条都是未来模型上的边线。先将自动形成的组分解，然后沿边线用绘图工具进行封面。另外，可安装自动封面插件 Auto_face、4U Make Face 等，帮助完成封面工作。
4	创建小品	分类创建组、组件：根据公园的需要分析，可创建坐凳、树池、花坛等小品组或组件。为管理方便，可建立相应的图层，将对应的组移动到相应的图层上。如将一个树池封面后，利用移动复制，直接在相应位置生成其他树池，以方便建模编辑。
5	建立地形模型	1）微地形一般先使用“沙盒”工具生成，等高线间距 500mm； 2）将每条等高线按照等高距 500mm，由外向内向上依次移动，调整高度； 3）选中调整好的等高线，选择“沙盒”工具，按等高线创建地形。

活动实施相关图片

职业能力 10　绘制公园鸟瞰图及效果图

【核心概念】

景观效果图：园林效果图是三维空间的艺术再现，电脑效果图有清晰度高、仿真性强、精细度高的优点，是表达艺术构思、设计意图的重要手段。它展示了设计的愿景、理念、目标、空间美感等。

【相关知识】

一、构图

构图是造型艺术术语，指作品中艺术形象的结构配置方法，是造型艺术表达作品思想内容并获得艺术感染力的重要手段，是视觉艺术中常用的技巧和术语。

构图需讲究艺术技巧和表现手段，在我国传统艺术里叫“意匠”。意匠的精拙，直接关系到一幅作品意境的高低。构图属于立形的重要一环，但必须建立在立意的基础上。一幅作品的构图，凝聚着作者的匠心与安排的技巧，体现着作者表现主题的意图与具体方法，因此，它是作者艺术水平的具体反映。从实际而言，一张成功的效果图，首先是构图的成功。成功的构图能使作品内容顺理成章，主次分明，赏心悦目。反之，没有章法，缺乏层次，会影响作品的效果。

二、园林景观效果图制作遵循的原则

1. 均衡与稳定

园林效果图中所表现的均衡与稳定是指图面布局的整体轻重关系，主要表现为材料的均衡、体量的均衡、色彩的均衡、构图的均衡。均衡，不应追求绝对化的几何或力学对称，而是部分与部分的相对关系，如左与右，前与后的轻重关系等。绘图时，尽量使各部分、各主题、各细部有所响应，避免偏沉和杂乱感，画面给人一种活泼而不是死板的感觉。

2. 对比与调和

对比与调和是利用人的错觉来互相衬托的表现手法，差异程度显著的表现称对比，能彼此对照，互相衬托，更加鲜明地突出各自的特点；差异程度较小的表现称为调和，使彼此和谐，互相联系，产生完整的效果。

园林效果图要在对比中求调和，在调和中求对比，使景观既丰富多彩、生动活泼，又突出主题，风格协调。主要表现为：体量的对比、方向的对比、明暗的对比、虚实的对比、色彩的对比和质感的对比。

3. 统一与变化

制作园林效果图要使画面拥有统一的格调，把所涉及的构图要素运用艺术的手法创造出协调统一的感觉。主要表现为：构图元素的统一、色彩的统一和氛围的统一。

中国园林讲求“有法无式，一法多式”的根本。因此，图面各要素怎样在统一的风格下，灵活展现自己的特色，又不互相冲突，是绘图处理的难点。

4. 比例、透视准确

二维的景观素材做三维的效果，要把握好各要素的远近虚实和透视比例关系，对于效果图中的各种造型，不论其形状如何都存在长、宽、高三个方向的度量。这三个方向的度量比例一定要合理，物体才会给人以美感。

如果违反了比例、透视规律，会导致图面变形，直接影响作品的效果。

【案例教学】

西京湾文化公园规划方案设计

【活动设计】

1. 场所：设计室
2. 工具：电脑（含 PS、SU、Lumion 软件）
3. 活动实施

表 5-10《绘制公园鸟瞰图及效果图》活动实施表

序号	步骤	操作及说明
1	准备工作	1）检查 SU 模型是否存在反面，确保模型中的面均为正面； 2）SU 模型不同物体用不同材质色彩区分； 3）确保 SU 模型处于原点
2	导入模型	1）打开 Lumion，根据公园周边环境选择模板； 2）单击左侧导入按钮，在下面操作框中点击第一个按钮导入建好的 SU 模型，放置在合适位置。
3	编辑材质	打开油漆桶，根据公园规划设计的材质要求，为每个园林要素附上材质并改变其参数至达到设计的景观效果。
4	添加配景	根据公园设计方案，添加配景（植物、交通、人物、灯光等），改变配景的方向及比例。
5	导出图纸	1）点击右侧相机进入照相模式，调整好模型角度； 2）确定好导出角度后，点击保存相机命令，再点击打印命令。

活动实施相关图片

职业能力 11　绘制公园局部剖面图

【核心概念】

剖面图：剖面图又称剖切图，是通过对有关的图形按照一定剖切方向所展示的内部构造图例。而在景观设计中，竖向空间的表达至关重要，主要通过剖面图及立面图表达。

【相关知识】

剖面的重要之处在于表达其他图纸所不能表达的东西，和其他图纸相辅相成组成完整的设计。最明显的莫过于表达高差，在平面上，高差只是几个数字，或是一条又一条弯曲的等高线，对数字和尺度不敏感的人难以想象数字的细微差异导致的空间变化，而剖面图的存在让高差的变化变得一目了然。

此外，剖面很适合表达空间层次，具体来说就是空间尺度的变化、空间私密性的变化等。剖立面和剖透视还能体现远近或主次关系，比单纯的剖面更有层次感。在剖面中加入人物造型是一举三得的常见表达方法，不仅能体现空间的尺度感，还能表达人是怎么使用空间的，烘托空间的氛围。

局部剖面图绘制要点：

首先，必须了解被剖物体的结构，哪些是被剖到的，哪些是看到的，即必须肯定剖线及看线。

其次，想要更好地表达设计成果，就必须选好视线的方向，这样可以全面细致地展现景观空间。

最后，要注重层次感的营造，通常通过明暗对比来强调层次感，从而营造出远近不同的感觉。

另外，剖面图中需注意的是：剖线通常用粗实线表示，而看线则用细实线或者虚线表示以示区别。

【案例教学】

西京湾文化公园规划方案设计

【活动设计】

1. 场所：设计室
2. 工具：电脑（含 PS、SU 软件）
3. 活动实施

表 5-11《绘制公园局部剖面图》活动实施表

序号	步骤	操作及说明
1	选取	选取地形变化丰富的区域，表达其空间的层次变化及空间尺度的变化。
2	截取对应区域公园模型截面	1）打开公园 SU 模型，调整模型的视角，确保导出图形都是无透视效果； 2）在 SU 左侧工具栏中，直接点击剖面框，然后在需要进行剖切的位置进行剖切框的绘制； 3）完成剖切绘制后，调整到对应的视图，调整到剖面图视角后，直接导出二维图形。
3	PS 后期处理	将模型剖面图导入 PS，对应公园平面图在模型剖面图基础上绘制该区域植物、人物等元素的立面。
4	标注	在相应的位置标注文字及标高。

活动实施相关图片

职业能力 12 公园景观要素设计意向分析

【核心概念】

公园景观要素：指地形、植物、建筑、铺装、园林构筑物和水体等。

【相关知识】

一、植物配置

公园是城市中的绿洲。植物分布于园内各个部分，占地面积最多，是构成综合公园的基础材料。综合公园植物品种繁多，观赏特性也各有不同，有观姿、观花、观果、观叶、观干等区别，要充分发挥植物的自然特性，以其形、香作为造景的素材，以孤植、列植、丛植、群植、林植作为配置的基本手法，从平面和竖向上组合成丰富多彩的植物群落景观。

植物配置要与山水、建筑、园路等自然环境和人工环境相协调，要服从于功能要求、组景主题，注意气温、土壤、日照、水分等条件适地适种。

植物配置要把握基调，注意细部。要处理好统一与变化的关系，空间开敞与郁闭的关系，功能与景观的关系。植物配置要选择乡土树种为公园的基调树种。同一城市的不同公园可视公园性质选择不同的乡土树种。这样植物成活率高，既经济又有地方的特色。

植物配置要利用现状树木，特别是古树名木；植物配置要重视景观的季相变化。

二、园林小品

园林小品通常指公园绿地中供休息、装饰和展示的构筑物。其中，一些园林小品与园林建筑的界限并不十分清晰，但大多数园林小品都没有内部空间，造型优美，能与周围景物相和谐。其特点是体形不大、数量众多、分布较广，并有较强的点缀装饰性。

1. 休憩性园林小品

休憩性园林小品主要有各种造型的园凳、园椅、园桌和遮阳伞、罩等。

2. 装饰性园林小品

装饰性园林小品种类十分庞杂，大体可包括各种固定或可移动的花盆、花钵，雕塑及装饰性日晷、香炉、水缸，各类栏杆、洞门、景窗等。

3. 展示性园林小品

公园绿地中起提示、引导、宣传作用的设施属展示性小品，包括各种指路标牌、导游图板、宣传廊、告示牌，以及动物园、植物园、文物古迹中的说明牌等。

4. 服务性园林小品

小型售货亭、饮水泉、洗手池、废物箱、电话亭等可以归入服务性园林小品。

5. 游戏健身类园林小品

公园绿地中通常都设有游戏、健身器材和设施，如今还有数量和种类逐渐增多的趋势。

【案例教学】

西京湾文化公园方规划案设计

【活动设计】

1. 场所：设计室
2. 工具：电脑（含 CAD、PS、SU 软件）
3. 活动实施

表 5-12《公园景观要素设计意向分析》活动实施表

序号	步骤	操作及说明
1	植物配置设计	明确植物景观类型的选择与布局，即从整体上考虑什么地方该布置什么样的植物景观类型，选择什么植物品种营造景观环境，查找意向图。
2	标识系统设计	根据公园规划设计的主题设计标识系统或查找能说明标识系统设计理念、风格和设计方向性的标识系统图片。
3	服务设施设计	根据公园规划设计的主题设计服务设施或查找能说明设计理念、风格和设计方向性的服务设施图片。

职业能力13　文本排版

【核心概念】

排版的内容：版面的内容必须充实与实用，形成文本的血肉。一般园林方案的内容包括：区位图、用地现状图、总平面图、功能分区图、景观分区图、竖向设计图、园路设计与交通分析图、绿化设计图、主要景点设计图及用于说明设计意图的其他图纸。

【相关知识】

一、排版的原则

1. 归属关系

简而言之，排版须讲究层次感、节奏感。一方面，要把页面中存在关联或意思相似的内容放得更近一些；另一方面，还要把那些关系不相近的内容隔开放置。

2. 对齐

版面应该收拾整齐。首先，页面的各种对象要放置整齐，特别是文字与图片；其次，对象与对象之间的间距要统一；第三，不同页面的对象放置也要做到对齐。

3. 重复

排版要形成规范。同页或不同页面中，同类、同级别内容的排版方式要统一，首页、内容页、尾页用一套大致相同的版式。重复的排版原则有利于从设计层面凸显逻辑、条理，也能让观者可以更好地感知内容的逻辑。

4. 对比

排版要有所侧重。例如，字号大小的对比，标题、小标题文字字号要比正文内容的字号大一些，做到主次分明，也可以通过常规和加粗字体的对比。适用于大段正文文字中的重点文字增大字号，影响段落间距的正常而不利于排版时，还可以通过不同的色相、饱和度、明度色彩的进行对比。

二、设计基础及技巧

1. 四边形与黄金分割矩形的恒定比例

照片在插图设计中，经常使用各种各样尺寸的四边形。改变这些四边形的长宽比例，给人的印象大不相同。古今中外，人们一直在研究四边形怎样的长宽比最好。

黄金分割，即长宽比为1 ∶ 1.618。有人说：“如果单纯按照黄金分割去设计不一定是好的，但好的、优美的设计一定是符合黄金分割法则的。”

2. 网格的运用

所谓的“网格系统”就是事先把版面用网格分割开，再将文字或图片嵌入这些网格内的设计手法，这种方法早在20世纪50年代就开始在欧洲使用了。

3. 阅读习惯

公园规划设计的排版相对书籍、杂志而言要简单些。一张版面只表达一项设计内容，为了使阅读者能清晰明了地理解设计，一般文字所占比例较小，重要的是图片所形成的构图和位置是否能符合阅读者的习惯。

一般的阅读习惯是由左至右，自上而下，由主到次。一张版面的构成内容有标题、主图、配图、文字说明这几个板块，在排版过程中，最好将相同的板块区分开，切忌把相似的内容分割开，否则会给阅读带来很大负担。

4. 字体与字形

宋体通常给人传统的印象。近年来，大家逐渐偏好使用字面与胸线渐渐扩大，兼具有古典风格、暖意十足的中间型宋体。

黑体字形的横竖笔画粗细几乎相同，其设计更有棱角感、力度感。新黑体和圆体这些比较新的字形都是由黑体发展起来的，近年才出现，所以看起来新颖，具有现代气息。

除了宋体和黑体外，还有许多其他具有代表性的字体，如“楷书”充满古典韵味，中规中矩；“行书”属于快速书写风格的字体；“圆体”是将黑体笔画两端的方角改为圆角。

5. 留白

所谓留白，指的是没有编排任何要素的“空白”。虽然留白一般被认为是“多余的地方”，但在平面设计上，留白的形状和位置是重要的设计要素之一。

空白就是画中没有笔墨着色处，是书法上的“布白”，是音乐中的“弦外之音”，是文章中的“言外之意”。空白在衬托了画面主体的同时，扩大了画面的意境。

均等的留白给人整齐的条理感，但也会导致视线失去焦点。常用于要表达同类型的要素。要素贴近配置，产生的较小留白可以让要素独立醒目，使画面整体在空间上有了对比。文字排版时，均等的留白致使读者分不清哪些项目相互关联，会产生混乱。使关联的项目相互贴近，独立或需要突显的项目周围空出较大的留白，可以使版面易于阅读。

6. 尺寸

为了使文字和图片在版面中显得有条理，最好把各个要素的尺寸统一。但若是把尺寸完全统一，势必会给人死板生硬的感觉。若要给版面添加变化，可以试着将各要素的大小做调整。如把需要强调的文字或图片尺寸放大，具有比较醒目的效果图。

三、平面构成

1. 设计草图

不仅做设计要画草图，排版也同样需要，勾草图的过程实际就是设计师思索的过程。迅速的草图绘制能让设计师快速理清文本的思路、版面的构图方式和表达的内容。

2. 构图原则

（1）以图构图：若在排文本的过程中觉得图面不够饱满和丰富，总是想方设法设置色块去做一些类似平面构成的东西，往往适得其反，会让图面华而不实。最好的做法是做好每一张图片和分析以及文字的推敲，用这些实在的点、线、面的元素来进行构图。

（2）重心平衡：把要素编排到文本里时，需要注意整体的“平衡”。调整平衡的诀窍，是根据版面内编排要素的“分量”来考虑。文字、图片都可以将其量化为相对应的分量，而分量是由其面积大小和颜色所决定的。

（3）寻找关系：在定好基本的构图之后，就要在各种点、线、面要素之间寻找关系，以寻求整体图面的稳定性和逻辑感。在排版过程中要善于使用辅助线，把相同元素进行规整，控制其相应的距离，图面就会产生规律性，显得很有条理，这也是最基本的排版要求。

四、色彩分析

1. 色彩的基本知识

颜色有各种各样的分类和表现方法，这里将对最常用的“蒙塞尔颜色表示体系”来说明，它把颜色的特性分为“色相”“彩度”和“明度”三要素。

“色相”是用来表示色调的词语。“色相”指的是红或蓝等色调，在“蒙塞尔色环”的色相图中，红、黄、蓝、绿、紫五色，以及介于它们之间的黄红、黄绿、蓝绿、紫蓝、紫红五个中间色相加，一共表示出 10 种色相。

“彩度”是指颜色的鲜艳程度，用彩度来表示颜色的“鲜艳”或“暗淡”。颜色越鲜艳彩度越“高”，无论什么颜色彩度越低就越接近灰色。最鲜艳，即彩度最高的颜色称为“纯色”，相反，彩度最低的是被称为无彩色的“灰色”。

“明度”是指颜色的明亮程度，明度用高低来表示。虽然人们经常使用“明亮的颜色”，但这是个很模糊的概念，不论在何种颜色中，明度最低的是黑色，而明度最高的是白色。

2. 色彩的性格

色彩是有性格的，能够对人的身体和心理造成影响。色彩造成的心理效应，牵涉到时装与室内装潢的商品研发。在交通安全方面，符合心理学的研究也在积极进行并产生了实际效应。每个设计师都应该了解色彩的原理和色彩所带来的相应心理变化，有助于我们在园林规划设计选色中更加明确。

3. 色调和谐的配色

配色是日常设计工作中最难的课题之一，如果选择颜色时很随意或把握不准，将导致整体的图面效果大打折扣。

和文字、版面要建立条理一样，配色也要协调，使配色和谐统一的规则是调整颜色的“明度”和“彩度”的关系。无论使用何种色相的颜色，只要把明度和彩度协调了，就能取得和谐的配色。

4. 配色塑造形象

从色彩治疗这一心理疗法可知，颜色具有影响人心理状态的力量，这是因为颜色都有“形象”。实际上，如果大家把生活中常见的事物和它们的颜色联系起来，就容易想象了。例如，让人感觉是“春天形象”的配色，就是在春天常见的绿叶、花朵、晴空等颜色；“冰冷形象”可以选择水、金属、冰等颜色的组合；“古典形象”的配色，可以从古木、家具、服装等颜色的组合来表现。虽然有些颜色并不来自大自然，但都是人们熟知事物的颜色。

五、设计规范

1. 目录信息

目录是整个文本提纲挈领的东西，可帮助受众清晰理解文本内容。一般来说，目录分为两种：一是对文本内容简要归纳出的框架，二是除了框架，还要对每个章节要表达的内容详细阐述。

2. 篇章页

篇章页是每个章节引导性阅读的元素，也让读者在快速阅读文本时能够很快翻阅到自己想看的章节。

3. 字体及字号规范

字体类型及字号大小的设置是平常在排文本过程中最容易忽视的问题，每种字体具有其各自的特点，如“黑体”字体清晰厚重，多作为标题使用，“幼圆”字体圆润有现代感，多作为正文使用。

4. 间距规范

一般内文间距使用范围是在 -20 至 20px 之间，文字间距在 20px 以上时，文字的阅读性会差一些，而且画面的美感也会差一些。字间距根据标题和内容需要选用最合适的数值。在控制纵向间距时，主要是控制中间空白的距离。假设字高是 20px，运用黄金比例可以计算得出中间空白处最佳的尺寸为 20px×0.618=12px，取值为 12px。再加上原本的字高 20px，可以计算得纵向间距为 32px。这就是控制纵向间距的简单计算公式。

相关图片

【案例教学】

西京湾文化公园方案规划设计

【活动设计】

1. 场所：设计室
2. 工具：电脑（含 PS、ID 软件）
3. 活动实施

活动实施相关图片

表 5-13《文本排版》活动实施表

序号	步骤	操作及说明
1	准备工作	收集本次方案的文字、图纸。
2	建立版面	1）进入 ID 软件选文件菜单新建—文档，先决定打印页面尺寸、装订方向、基本页数； 2）选中“主版文本框”以便于以后的文本框的统一，设置版心尺寸、分栏数、文本排式和栏间距。
3	排版	1）设计好主版页版式，置入文本，选中所需文本、图片，拖拽到 ID 页面上，定义字符样式和段落样式； 2）文字编辑：将定义好的段落样式分别置入到所需段落中； 3）置入图形：选择工具框中的“外框”工具，在所需置入图形的位置划出相应大小的图形框，选择菜单—文件—置入，选择所需图形置入； 4）图文排版：选择菜单—窗口—文字与表格—文字绕图，根据需要选择文字绕图方式，将所有公园规划设计方案图纸及文字按照任务书目录排好版； 5）插入页码，在主页上插入文字框，右击文字框选择“插入特殊字符”—“标志符”—“当前页码”。
4	创建目录	1）创建目录段落样式，并填入相关参数； 2）点击菜单栏“版面”，选择“目录”，添加目录中包含的段落样式，并把添加的条目形式改为“目录样式”，点击“确定”创建目录。根据实际情况调整“目录样式”参数，完成目录。
5	封面制作	1）运用 AI 软件新建页面，根据版面确定封面主色调，在新建封面图层上填充该色调，并对其透明度等进行调整； 2）根据公园性质、主题及版面风格确定封面风格； 3）将符合版面风格的要素放置在封面合适的位置； 4）添加文字，文字风格与整体版式一致，公园名称突出； 5）导出 JPG 封面； 6）将导出的封面 JPG 图片置入 ID 排版首页。
6	调整和修改	1）文字调整：局部文字的修改，在字符样式中调整； 2）段落样式调整：根据总体布局，分别调整和修改原定义的段落样式； 3）图形调整：选择需要修改的图形，根据需要，分别选择“阴影”“羽化”“渐变”“边角效果”等； 4）版面顺序调整：打开“页面”工具箱，输入“W”可预览页面，再输入“W”，返回编辑状态拖拽鼠标，将需要调整的页面放前或置后。
7	印前准备	1）检查信息：a. 页面尺寸、排版方向，b. 图片类型和链接状态，c. 颜色属性和专色，d. 检查字体种类、属性； 2）修改：在完成检查后，对于不符合要求的内容和设置返回至原文件中修改； 3）检查无误后，点击“文件”—“导出”PDF 文件，根据需要设置参数，如图片质量和出血等。

工作任务 5.4 公园植物种植施工图设计

职业能力 14　制作公园植物种植苗木表

【核心概念】

做法说明：用文字说明选用苗木的要求（品种、养护措施等），栽植地区客土层的处理、客土或栽植土的土质要求、施肥要求，对非植树季节的施工要求等。

【相关知识】

园林植物配置原则

1. 生态优先原则

在城市园林植物配置中，首先就要遵循生态优先原则，树种的配置和各种园林景观的配置建设都要以保护生态环境为首要原则进行。在植物的选择、草本花卉的点缀以及各种树种的搭配上都要最大限度地以提高生态质量和改善生态环境为出发点，之所以尽量多地应用乡土树种、建设乡土树种植物群落是因为要保护当地生态。在植物配置工作中要充分应用植物的地感作用和生态位原理来提高配置的科学性，从而发挥植物配置的质量。

2. 整体优先原则

园林植物配置工作必须遵循自然规律，不能破坏和影响生态环境，要有效达到这一点就必须遵循整体优先原则。园林改造植物配置工作主要就是利用和改造城市所处的自然环境、城市性质、自然景观和地形环境，在实际工作中要重视对历史文化景观、自然生态景观的保护，要重视对物种多样性的保护，充分研究并发现其与园林建设之间的关系，从而使园林建设与自然生态建设相结合；要充分调查研究城市的自然植被特征和景观布局，在整体原则的指导下增加配置和艺术性，从而有效地提高园林建设的亲近感和人性化。

3. 文化原则

城市园林植物配置还要遵循文化原则，因为一个城市园林的建设可以直接反映城市的文化特色，所以植物配置要在文化原则的指导下使园林植物景观充满文化氛围，提高园林建设的品位，同时还可以将不断演变的城市历史文化脉络充分体现在当地园林建设中。在城市改造植物配置工作中，要将可以反映城市历史文化、人文内涵和精神品格的植物进行科学地配置，这样才能形成并建设出具有城市特色的园林工程。

4. 可持续发展原则

我国社会经济的快速发展在带来巨大的经济效益的同时造成了较为严重的环境污染和资源浪费，城市环境的污染使得城市生态园林建设的重要性凸显出来，在这一大背景下，园林建设必须遵循可持续发展原则。园林植物配置要以自然环境为出发点，要在充分了解植物种类的基础上，按照生态学原理来对其进行合理科学的搭配，从而使得各树种稳定和谐发展，这样才能对城市环境和生态环境进行有效的调节，从而促进城市在生态建设、社会建设和经济建设上的可持续发展。

【案例教学】

西京湾文化公园植物种植苗木表制作

【活动设计】

1. 场所：设计室
2. 工具：电脑（含 CAD 软件）
3. 活动实施

表 5-14《制作公园植物种植苗木表》活动实施表

序号	步骤	操作及说明
1	建立苗木表	1）打开在整理好的施工图底图，在工具栏中选择“绘图”“表格”“插入表格”。接着，调好需要的表格行、列等各项参数。一般常用的参数如下： ①列数：苗木表一般包含序号、名称、拉丁名、规格（蓬径、高、胸径 / 地径、数量、单位、备注等），合计是 9 列； ②行数：根据实际设计的苗木品种而定； 2）列出方案所需的植物材料，按照一定的分类排序，如从常绿到落叶，高度从高到矮。
2	根据苗木表制作图块	图块的直径约等于植物实际冠幅，图块命名最好跟苗木表一致，便于后期统计。
3	完成苗木表	在种植施工图完成后，统计数量，包括图块数量和地被数量，填入苗木表。

活动实施相关图片

职业能力 15　绘制公园植物种植平面图

【核心概念】

种植施工图：表示园林植物的种类、数量、规格及种植形式和施工要求的图样，是定点放线和组织种植施工与养护管理、编制预算的依据。种植施工图主要包括平面图、详图、苗木表、做法说明等。为了反映植物的高低配置要求及设计效果，必要时还要绘出立面图和透视图。

【相关知识】

种植施工图设计是对种植方案设计的细化，是非常具体准确并具有可操作性的图纸文件在整个项目的规划设计及施工中起着承上启下的作用，是将规划设计变为现实的重要步骤。

园林植物种植施工图的绘制内容及要求

与种植设计表现图、种植规划方案图等重艺术表现和视觉效果不同，种植设计施工图要求图面清晰、明了、直接、准确。植物的平面图案不宜过于复杂，其目的是明白、准确、完整地表达设计内容，能够顺利地进行绿化施工。

种植设计平面图中应明确表示出植物的平面位置或范围、详尽的尺寸、植物的种类和数量、苗木的规格、详细的种植方法等。

在种植设计平面图中应标明树木的准确位置、树木的种类、规格、配置方式等，树木的位置可用树木平面的圆心或过圆心的短十字线表示，在图面上的空白处用引线和箭头符号表明树木的种类，也可用数字或代号简略标注，但应与植物名录中的编号、代号或图案一致。同一种树木群植或丛植时可用细线将其中心连接起来统一标注。图中还应附有植物名录，名录中应包括与图中一致的编号或代号、中文名称、拉丁学名、数量、规格以及备注。在复杂的种植平面图中，应根据参照点或参照线作方格网，网格的大小应以能相对准确地表示种植的内容为准。

种植设计说明作为种植设计施工图的重要组成部分，应详细论述植物种植施工的要求。应根据具体项目编写。种植设计说明书应包括以下几个方面：①阐述种植设计构思和苗木总体质量要求。②种植土壤条件及地形的要求，包括土壤的 pH 值、土壤的含盐量以及各类苗木所需的种植土层厚度。③各类苗木的栽植穴（槽）的规格和要求。④苗木栽植时的相关要求，应按照苗木种类以及植物种植设计特点分类编写，包括苗木土球的规格、观赏面的朝向等。

【案例教学】

西京湾文化公园植物种植平面图绘制

【活动设计】

1. 场所：设计室
2. 工具：电脑（含 CAD 软件）
3. 活动实施

表 5-15《制作公园植物种植平面图》活动实施表

序号	步骤	操作及说明
1	准备工作	解读总体设计方案，分析两点： 1）需要营造一个什么主题意境； 2）需要营造一种什么空间。
2	绘制草灌线	用线描出草坪线和灌木线，划分地被的种植区域，可以关掉不必要的图层制图。
3	绘制上木、下木层植物	确定好草灌线，新建上木、下木图层；根据空间分上木、下木放置植物图块。
4	标注	在相应的图层上用引线标记出图块、地被的植物名称及统计数据。

活动实施相关图片

6 项目六

美丽乡村规划设计

美丽乡村，陪伴式的规划，共建式的设计

【学习目标】

1. 知识目标

（1）能解释“美丽乡村”规划设计的专业术语；

（2）能阐述“美丽乡村”建设的影响因素；

（3）能举例“美丽乡村”经典案例的建设情况；

（4）能阐述“美丽乡村”规划设计的基本流程；

（5）能阐述“美丽乡村”调研的方法；

（6）能阐述“美丽乡村”规划设计包含的图纸内容。

2. 能力目标

（1）能进行“美丽乡村”经典案例的分析；

（2）能进行“美丽乡村”问卷调查并撰写调查报告；

（3）能结合当地的自然资源、产业发展及人文特色，确定“美丽乡村”规划设计的主题及思路；

（4）能绘制“美丽乡村”的规划结构图；

（5）能绘制“美丽乡村”的功能分区图；

（6）能绘制“美丽乡村”的总体平面图；

（7）能绘制“美丽乡村”的专项分析图。

3. 素养目标

（1）能遵守“美丽乡村”规划设计相关的法律法规；

（2）具备勤于思考、善于动手、勇于创新的精神；

（3）具有团队合作精神，具有与村民陪伴共建的思想。

工作任务 6.1 美丽乡村工作的前期分析

职业能力 1 美丽乡村工作基础资料汇编

【核心概念】

美丽乡村：经济、政治、文化、社会、生态文明建设协调发展，规划科学、产业兴旺、生态宜居、乡风文明、治理有效、生活富裕的可持续发展乡村（包括行政村和自然村）。

美丽乡村基础知识的辨析：在"美丽乡村"规划设计方案前，对"美丽乡村"相关的基础知识、近义词辨析、法律规范、标准导则进行分析与总结，以便后续美丽乡村规划设计采纳。

【相关知识】

一、"美丽乡村"规划设计名词术语

1. 乡村

乡村是一个区域，相对城市而言，乡村指以从事农业生产为主要生活来源、以族群关系为纽带的人口分布较散的地区，包含自然区域、生产区域和居民生活区域。

2. 乡村规划

乡村规划指在一定时期内对乡村的社会、经济、文化传承与发展等所做的综合部署，是指导乡村发展和建设的基本依据。乡村规划具有综合性、社区性、实用性和地域性。

二、近义词辨析

1. 行政村和自然村

行政村是个行政管理范畴的概念，与其相对应的是自然村。行政村指政府为便于管理而确定的乡下一级的管理机构所管辖的区域，设村民委员会，是农村社会基层的管理单位。在地理范围上，行政村一般包含自然村。

2. 血缘关系、地缘关系和业缘关系

血缘关系：以生育或婚姻为连接纽带，指因生育或婚姻而产生的关系，包括父母、子女、兄弟姐妹以及由此而派生的其他亲属关系。地缘关系：以土地或地理位置为连接纽带，指因在一定的地理范围内共同生活而产生的关系，如邻居、同乡、街坊。业缘关系：以职业为纽带，是指因职业活动而形成的关系，如同事、同行、下属、同僚以及生意伙伴。

三、美丽乡村规划相关法律规范

相关材料

详见二维码。

【活动设计】

1. 场所：有网络的机房
2. 工具：电脑、记录本、记录笔等
3. 活动实施

表 6-1《美丽乡村工作基础资料汇编》活动实施表

序号	步骤	操作及说明
1	绘制表格，编写美丽乡村相关概念异同	打开 Word，绘制美丽乡村相关专业术语的异同点，熟悉掌握美丽乡村、乡村、乡村规划以及相关近义词辨析。
2	编写城乡用地分类和村庄建设用地分类	根据国家标准，编写乡村用地分类和建设用地分类。
3	编写美丽乡村设施包含的内容	根据江苏省美丽乡村建设示范指导标准，编写美丽乡村包含的设施内容。
4	编写江苏省特色田园乡村建设包含内容的关键词，着重编写一票否决制的负面清单	根据江苏省特色田园乡村建设规范编写江苏省特色田园乡村建设包含的内容，写出关键字即可，着重编写一票否决制的负面清单。

职业能力 2　美丽乡村相关案例分析

【核心概念】

美丽乡村相关案例分析：在美丽乡村规划设计方案前，对先行的国内外美丽乡村规划设计、建设实施案例的分析与资料汇编，主要针对美丽乡村建设与发展的影响因素、机制框架进行必要的分析，以便后续美丽乡村规划设计采纳。

【相关知识】

一、美丽乡村建设的影响因素

发达国家成功的乡村建设案例都是在一种或两种资源中，开发出了都市需求的独特功能。例如，日本乡村建设"一村一品""一村一景"的形成，铸就了乡村发展的持久动力和独特品格。可以将创造乡村聚落"个性化、差异化、特色化"的资源遗产归结为五个方面：

人——地方发展领袖。带领农村的建设者，以及著名的历史人物、拥有特殊技艺的人、有特色的地方住民活动，如环境保护、国际交流、节庆祭典等。

地——指自然资源。如特殊的生态、温泉、雪、土壤、植物、梯田、盐田、沙洲、湿地、草原、鸟、鱼、昆虫、野生动物等。

产——指生产资源。农林渔牧产业、手工艺、饮食、加工品、艺术品等，以及拓展产业机能之观光、休闲、教育、体验农业、市民农园及农业公园等。

景——指自然或人文景观。如森林、云海、湖泊、山川、河流、海岸、星星、古迹、地形、峡谷、瀑布、庭园、民俗文化、建筑等。

文——指各种文化设施与活动。如寺庙、古街、矿坑、传统工艺、石板屋、童玩，有特色的美术馆、博物馆、工艺馆、研究机构、传统文化与习俗活动等。

二、乡村发展与建设的机制框架

要完善乡村建设机制，不断提升农民创建"美好家园"的参与热情和积极性。在整个乡村开发过程中，广泛动员当地居民的建设积极性，并保证有合理的收益反馈。较为成功的乡村发展案例，其行动主体离不开地方政府、企业和居民（农户）的相互作用，从而形成推动乡村持续发展的地方产业体系，以及完善的基础设施、良好的生态环境和特色的地方文化。国内外乡村发展的动力机制框架归纳如下：

（1）产业体系，指能够支撑乡村快速发展的内生动力，包括现代农业体系、现代旅游业体系和地方小型工业体系，一般更为强调用工业化、信息化的手段组织并形成农业产业链系统或旅游业产业链系统。

（2）基础设施，指能够保证和维持乡村产业经济发展、居民便捷生活生产的系列硬件基础设施和软件服务设施，包括道路、网络、水电、排污、学校、医疗、法律等，这些属于乡村发展的基础动力。

（3）生态环境，指产业、乡村、居民等生产与发展所赖以存在的基本条件，属于一种开放性和扩散性的组织系统，相对于聚集式的城市系统，更能够体现出乡村聚 落的本质属性。

（4）地方文化，指能够区别于城市和其他乡村特征的内在属性，是每个成功乡村具有自身魅力而不可缺少的灵魂，包括农耕文化、牧渔文化、民风民俗、地方名人、节庆盛事等。

同时，在当前我国乡村发展过程中，区位和机遇两大条件也扮演着必不可少的角色。例如，在浙江省，安吉县"美丽乡村"的成功建设正是由于充分发挥了地处沪宁杭三大城市连线核心的区位优势，并顺应城市化快速发展所带来的市场机遇，但该模式是无法完全复制到浙西南拥有相近地方资源的龙游、江山、遂昌等县（市）。而在中国区域范围内，东部沿海地区乡村发展与建设的条件和路径，也完全区别于中西部地区乡村。所以，我们再次强调产业体系、地方文化、基础设施、生态环境四大条件在每个乡村成功崛起中的重要作用，即它们可以形成一个具有自生能力的乡村地方生产系统。

【案例教学】

国内外美丽乡村规划案例分析

【活动设计】

1. 场所：有网络的机房
2. 工具：电脑、记录本、记录笔等
3. 活动实施

表 6-2《美丽乡村相关案例分析》活动实施表

序号	步骤	操作及说明
1	搜索查找案例	打开电脑搜索乡村、美丽乡村、特色田园乡村相关的规范标准与案例实践。
2	撰写案例的报告	对比分析不同地区美丽乡村建设基础、表现特征、实践案例等。搜索查找美丽乡村案例，选出记录清晰、内容详实、图标丰富的案例，分点记录下来，并撰写案例报告。
3	绘制表格，分析美丽乡村建设的影响因素和建设机制	根据美丽乡村案例发展的先后顺序、实施主体、突出实践等绘制逻辑框架图，以便更好地了解案例发展变化的诱因和呈现效果，从而理解美丽乡村建设内在的因果关系。

职业能力 3 美丽乡村现状勘察调研

【核心概念】

美丽乡村现状勘察调研：在方案设计前进行的对象调研，列举调研计划和方法，撰写调查问卷及调研报告。

【相关知识】

一、勘察调研过程

村庄规划的调研过程分为前期准备、现场调研、共同策划三个阶段，汇总形成以采集村民意愿为主的调研报告，以指导村庄规划的编制，并用规划编制的成果检验是否尊重或满足了村民意愿。因此，规划调研与规划编制两者形成了双向循环的关系。

二、勘察调研遵循的原则

村庄规划的核心是和村民打交道。采集村民意愿遵循的原则是：真诚沟通、言语朴实、积极引导、提高效率。

1. 真诚沟通

多采用“套近乎”“唠家常”的沟通方式和技巧，使村民消除排斥、戒备心。规划师与村民打成一片，甚至礼尚往来，努力实现真诚交心的沟通。

2. 言语朴实

尽量避免使用专业术语，多运用“接地气”的词语，使用形象大众化的比喻，以消除专业与非专业之间沟通的障碍。

3. 积极引导

在沟通中积极主动地引导，以消除分歧，达成有共识的、科学的、合理的意愿。

4. 提高效率

选择合适的规划方法，做到省时省力地解决问题。充分调动村民的积极性，提高规划效率。

三、勘察调研计划

调研计划包括时间计划、人员计划、会议计划、差旅计划、成本计划、沟通计划等内容。

1. 时间计划

一般和乡村干部协商确定调研的时间安排，并及时告知乡镇政府相关负责人员。对每日调研内容尽量作出详细计划。调研时间应优先选择在村民聚集的时节或村庄热闹的节日，有利于接触更多村民和深入体验村庄特色。注意调研时间应避开洪水、泥石流、台风等气象灾害多发时节，避开村民农忙和赶集时节。

2. 人员计划

根据项目实际情况合理确定调研人数和分工；尽量安排熟悉当地方言的规划人员；尽量安排开朗健谈并且业务能力强的规划人员；鼓励具有不同专业背景的人员参与规划，如建筑学、社会学、生态学等。

3. 会议计划

会议计划一般由规划师主导，协同村民委员会组织安排。会前制定详细的会议计划，有助于村民提前对规划有所了解并及时准备。调研时的会议一般是非正式的，需要明确会议目的、讨论议题、拟邀请参加人员、场地要求、时间要求等，并和乡村干部商讨确认。可邀约相关利益者参与，如邀约各级政府及相关部门、企业等召开座谈会，了解他们的意愿。

4. 差旅计划

调研村庄规划的交通出行和食宿安排一般需当地政府协助安排。

5. 沟通计划

在前期就建立当地各级政府的相关负责人、村内负责人、其他相关利益者等的通讯录，记录姓名、单位、职务、通信地址、手机、QQ、微信、邮箱等信息，并有必要与所有相关者共享。

6. 成本计划

本着节俭节约的原则，合理制订项目的成本计划。

7. 准备调研物资

相对城市而言，乡村里的物资相对匮乏，因此很多物品需要自备并准备充分。村庄调研需要准备的物品一般包括：

（1）规划内容类：村域地形图、村落地形图、调查问卷、基础资料等。

（2）文具类：马克笔、圆珠笔、便签、白纸、图钉等。

（3）电子设备类：投影仪、摄像机、照相机、激光笔、充电宝、上网卡等。

（4）应急药物类：防止中暑、蚊虫叮咬、肠胃不舒服的药物等。

（5）生活用品类：床单、睡袋、消毒水等。

（6）礼物类：准备与村民访谈和会议后赠送的小礼物。

四、资料收集与研究

村庄的基础资料相对集中，一般在调研前的准备阶段尽量收集齐全，有助于在村民意愿采集之前对村庄的基本情况有所了解。不特定的资料和意见可以采用问卷方式，了解村民最关心的问题，村民对未来的设想和意愿。问卷应以政府的名义发放和回收。

1. 基础资料的收集与研究

基础资料包括乡（镇）及村内的各类基础资料：

（1）人口资料，各村庄人口的历年变化情况、各村庄的暂住人口和流动人口数量、各村庄户数、各村庄人口结构（年龄、性别比例）等。

（2）交通资料，区域中的水运、道路、铁路、航空等。

（3）生态环境资料，村庄及周边主要湖泊、河道状况。了解湖泊名称、面积、生态保护要求等，水利设施，水源保护区范围，大气水体及噪声环境评价，灾害发生及分布情况等。

（4）建设管理资料，近年所有建设项目资料、向上级统计局上报统计报表等。

（5）历史文化资料，乡志、镇志、村庄大计事、家谱、古地图、文保单位和文保点、名胜古迹、以往的历史保护规划等。

（6）相关规划资料，所有上位规划、相关规划、各类专项规划，如土地利用规划、交通专项规划、水利专项规划等。

（7）基础设施资料，给水排水、能源使用、防灾减灾、环境卫生设施、学校、医疗机构、活动站等。

（8）农业发展资料，农业发展现状、农林牧渔的面积和比例、农作物的分布情况、播种面积及经济效益以及农业发展设想等。

（9）工业发展资料，乡村工业发展现状、经济效益、企业清单、重点企业介绍，工业发展设想等。

（10）服务业发展资料，旅游资源（景点、特色、线路分布）、已有旅游项目的情况、服务业的经济效益、旅游客源数量及淡旺季分布、床位数量、服务业发展设想等。

2. 获取地形图

乡村地区有时无法直接获取地形图，需要向县级以上的土地管理部门索要，或提前通知相关部门测绘。1∶5000～1∶10000 地形图用于村域规划，可以是纸质版或电子版图纸，一般由县级以上的土地管理部门提供。1∶500～1∶2000 地形图用于居民点建设规划，应当是电子版图纸。

3. 发放并回收村庄调查表

在调研前交给乡村干部填写并收回，有助于快速了解村庄的基本概况，对专项的基础资料收集起到很好的补充作用。

五、构思初步方案

尝试在调研前根据掌握的基础资料来绘制现状图纸和构思初步方案。虽然方案并不成熟，但有助于强化对村庄的认知、提前发现问题、提高现场调研的工作效率。

六、调研方法

村庄规划以采集村民意愿为主，一般采用“自下而上”的调研方式，即村庄、乡镇及其他外部环境的调研顺序。调研阶段可采用的工作方法有踏勘、访谈、会议、问卷等。

1. 踏勘法

踏勘不仅能直观地理解乡村的空间特征，更能体验和感受村民生产和生活的状态及生态的特色，发现村庄存在的问题。在踏勘过程中，可将规划的策略及时与村民交流。

建议由村干部带领、陪同，可降低村民的戒备心，随时沟通获取大量口头信息。标记出和基础资料有出入的内容（如房屋新建或改建、道路改线等），并向村民求证。随时对调研对象交换看法，了解调研对象的意愿。

除了山林保护区或其他特殊区域外，应全面踏勘村域范围，重点踏勘调研特色资源点和集中建设区等。

2. 会议法

会议是采集意愿的重要方法，帮助不同的对象了解彼此的看法，通过交流讨论，集思广益。规划师应注意营造氛围、调动积极性，引导会场的每个人参与进来发表意见。

选择的村民代表包括：村党支部书记、村主任、妇女主任、会计、组长、能人、德高望重的老人等。可选择的会议议题包括：村庄的历史、村庄的概况、现状的问题，村民对于产业、土地、生产、公共设施、村容村貌等方面的发展意愿。出现矛盾的观点时，注意分析发言者的职务、背景与观点之间的关系，找出矛盾的症结。

通过照片、录音、签到等多种方式记录会议过程，体现规划程序的合法性。

3. 访谈法

考虑到会议中可能存在有些人不善言谈、有不同的想法和看法但不敢表达、遗漏掉行动不便的老者等因素，采用访谈法是对会议采集意愿的重要补充，有助于了解小众的意愿，或更隐秘的意愿或更深入详实的意愿。访谈的对象应包括村会计、村内老者、家庭妇女、儿童、学生、能人巧匠等各类群体的人。访谈语气宜采用和谐的对话式语气，讨论用语尽量避免使用专业术语。善用草图、图示等方式表达沟通信息。

访谈结束宜赠送礼品表示感谢。有时村民会主动邀请规划师来家做客，盛情款待。为此规划师更需有所准备，做到礼尚往来、礼轻情意重。

4. 资料调查法

资料调查是最基本的调查方法，即由规划师提供事先拟好的调查资料清单，由规划对象搜集整理提供，或者由规划师亲自上门调取。资料调查法的优点在于：节省时间、易于准备、易于操作、不容易遗漏基本信息等。

资料调查法的缺点在于：①资料清单上文字传递的信息可能引起误读，对方准备的资料与所需资料信息之间可能会出现偏差；②不同乡村地区的情况差异较大，容易遗漏一些重要的地方特色信息；③乡村地区的纸质或者电子资料比较有限，大多无法完整全面地反映所需信息；④乡村信息传递的一大特点是“口口相传”，大量非记载性的信息无法通过资料调查获取。资料调查虽然具有很多局限性，但仍然应作为乡村调查的基本方法，是开展乡村规划调查的前置性工作。

5. 观察法

视觉观察是最直观的社会调查方法。通过视觉观察，可以获得对观察对象的第一感知。如对于乡村的经济发展状况，可以通过村民住宅和道路建设水平的直接观察而得出基本判断。通过观察获得的信息是对基础数据的有益补充，有时甚至能够揭示出数据所无法反映的现实情况。

观察并不是从进入乡村才开始，而是从规划师启程就已经展开，通过对沿途的城市和村镇发展和建设的观察，帮助建立对乡村的基本发展情况的判断。例如，从上海出发乘火车前往皖北乡村，沿途的景观可告诉我们，苏南地区的乡村经济是发达的，乡村建设情况相对较好；皖北乡村经济是相对滞后的，没有很普遍的二产和三产，其乡村建设也相对滞后。

在乡村进行观察活动，最好事先带着目的和问题，进行有意识地观察，如乡村的建筑形态，建设格局等。如果乡村二产发达，那么是什么样的产业在乡村发展。有时基础资料的信息远不如观察更为直接，如企业的污染问题，往往基础资料中并不能很好地反映实际情况，但通过现场观察，则基本概况可以一目了然。

6. 问卷法

问卷调查是乡村规划调查的另一种方式。规划师事先拟定需要调查的内容，提供封闭的选项，或者提供开放式和半开放式的回答空间，由调查对象按照要求填写。问卷调查最大的优点是，获取的数据易于定量处理，可以直接开展定量分析和研究。但是，由于乡村居民和城市居民特点的不同，乡村居民普遍学历较低、老龄化程度较高、阅读能力相对较差，理解能力有一定局限性，所以针对乡村居民的问卷调查与针对城市居民的有较大差异。

针对乡村居民的问卷设计要尽量简洁，问题不能太多，应清晰易懂、与村民认知水平相匹配。类似于“您是否支持 TOD（公交导向）的社区组织模式？A 是，B 否”，这样的问题对于大部分村民而言，过于专业化、难以理解，也就很难回答；“您家里距离县城的空间距离是多少公里”，这样的问题对于村民而言也是不够清楚的；再如“您对本村所在镇的新材料产业发展前景有何看法？ A 很有前景 B 没希望 C 说不清楚”，这样的问题已经超出了普通村民的认知能力，并不具有实际意义。

问卷调查是乡村规划非常重要的调查方式，其关键并不仅在于发放样本的多少，而更在于问题的针对性和填写的质量。在有可能的情况下，结合访谈进行问卷调查（规划师或调查员提供问题的解释，帮助理解）是较为理想的调查方式，其获得的信息也更加可靠。

调查问卷

【案例教学】

江苏省句容市天王镇黄土塘美丽乡村规划

【活动设计】

1. 场所：江苏省句容市天王镇黄土塘美丽乡村
2. 工具：电脑、测量工具、铅笔、速记本、相机（手机）
3. 活动实施

表 6-3《美丽乡村现状勘查调研》活动实施表

序号	步骤	操作及说明
1	勘察乡村现状	根据提供的现状底图现场勘察，拍摄照片、核对图纸、局部测绘，熟悉乡村现状情况。
2	撰写调查问卷	依据规划设计法规与要求，撰写调查问卷表格。
3	调查访谈	根据调查问卷实施调查访谈，与不同乡村参与主体进行走访交流，得到调查问卷的第一手资料。
4	撰写调研报告	结合美丽乡村建设法规和导则，列出调研报告提纲，撰写调研报告。

工作任务 6.2 美丽乡村的总体规划

职业能力 4　美丽乡村的规划定位

【核心概念】

美丽乡村的规划定位：依据美丽乡村相关的上位规划和规划准则，在调查研究报告的基础之上明确规划的依据、定位。

【相关知识】

一、乡村职能

乡村职能指乡村在地区环境、社会、经济发展中所发挥的作用及其承担的地域分工。长期以来，乡村职能主要表现为农业生产，包括农、林、牧、副、渔。随着经济社会的快速发展，乡村已从单纯的农业经营发展到旅游业、特色加工业、商业服务业等多种职能，并为周边一定范围内的农民聚居点提供公共服务，其职能发生了深刻变化。

1. 农业生产职能

农业生产是乡村的主导职能，也是乡村区别于城市的主要特征，主要包括传统农业生产和现代农业生产。传统农业是以自给自足的自然经济为主导地位的农业，具有精耕细作、自然生态的特点，在目前仍然发挥着一定的作用。现代农业是广泛应用现代科学技术、现代工业提供的生产资料和科学管理方法进行的社会化农业，具有社会化、现代化、规模化的特点。现代农业正在逐步向农产品加工生产、农业商品交易、农业休闲旅游等方向延伸，呈现出农工商旅一体化的特征，由此成为当前和未来发展的主要方向。

2. 公共服务职能

公共服务职能主要包括行政管理、教育、医疗、文体、商业等服务职能，一般由行政村或中心村承担。例如，行政村是村民委员会进行村民自治、公共服务的管理范围，是由若干个自然村组成的自治单位；中心村一般为行政村，是延伸公共服务功能、实现农村地区公共服务均衡配置的重要载体。中心村的公共服务设施将辐射周边一定区域范围内的自然村和其他行政村。

3. 特殊职能

特殊职能主要指在农业生产、公共服务之外的其他职能，一般包括历史文化、风景旅游、革命纪念等属性。乡村自身所具备的条件，包括资源条件、地理条件、建设条件等，也是形成乡村特殊职能的重要因素。

二、乡村定位

1. 基本概念

乡村定位指乡村在一定区域内社会、经济和文化方面所担负的主要职能和所处的地位。乡村功能定位代表了乡村的个性、特色和发展方向，由乡村形成与发展的主要条件决定，并由该条件产生的主要职能所体现。

2. 确定乡村定位的依据和方法

确定乡村功能定位，就是综合分析乡村的地理条件、交通优势、资源环境、产业水平、公共服务水平等因子，指出其发展特色与优势，明确乡村的主要职能。一般采取“多因子综合分析”的方法，结合定性与定量分析，明确乡村功能定位。

三、形象主题

乡村形象是留给人们总体的印象和感受，包含了无形的主观感知和有形的物质形态。乡村形象是在漫长的历史发展过程中，乡村内多元要素综合作用的产物，这些要素包括了乡村的自然风光、历史文化、风俗民情、风貌建筑、乡村经济，并随着乡村的建设发展而不断丰富生长和变化。乡村主题是乡村形象的高度凝练与概括，也是乡村规划设计的中心思想。乡村规划的主题设计，是规划设计者对乡村形象的总结、对乡村现实的思考及对乡村未来发展的探索。

乡村形象主题的设计，可以从乡村历史和文化关键要素的表达、乡村地理和资源特质的总结、乡村精神和时代风貌的提炼、乡村建设和发展价值观的弘扬等方面入手分析，并体现以下要求：

（1）体现核心价值观：基于开阔的时空视野分析，充分体现对乡村生态环境的保护、历史文化的传承及民俗民意的尊重。

（2）简约上口的语言表达：乡村形象主题不仅需要展现乡村“有形形态”，还需以简约上口的语言传达“无形”的抽象概念，表达乡村个性化的内涵和寓意，并体现对乡村文化习俗和公众审美意愿的尊重，具有直观易懂的特点。

相关材料

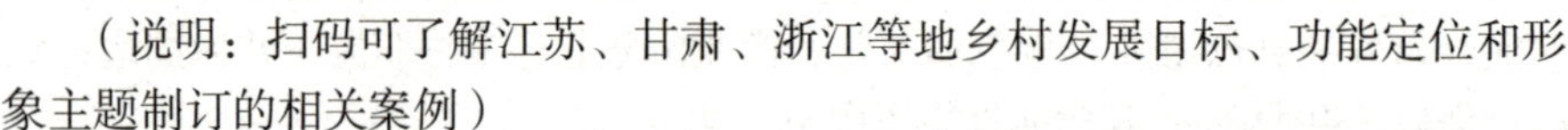

（说明：扫码可了解江苏、甘肃、浙江等地乡村发展目标、功能定位和形象主题制订的相关案例）

【案例教学】

江苏省句容市天王镇黄土塘美丽乡村规划

【活动设计】

1. 场所：江苏省句容市天王镇黄土塘
2. 工具：电脑、铅笔、速记本、相机（手机）
3. 活动实施：对美丽乡村进行上位规划定位，之后再进行相关规划定位。

职业能力 5　美丽乡村的总体架构

【核心概念】

美丽乡村的总体架构：依据美丽乡村相关的上位规划和规划准则，在调查研究报告的基础之上明确规划的依据、规划结构、规划构思和功能布局。

【相关知识】

一、规划结构

规划结构是系统表达规划区内的相互组织关系，类似人体的骨骼构架。它的表现形式是规划结构图，通常用“点、线、面”相结合的表现形式表述规划区范围内的核心区域、廊道区域、节点区域等，一般采用“几心、几带、几廊、几片区、几点”的文字表述，类似“一心一带多点”的规划结构。

二、规划构思

规划构思是规划设计整个过程的基本思路，以目标或问题为导向，提出规划设计构思，明确主题和规划设计策略，为整个规划设计项目顺利完成提出纲领性、概念性构思。

三、功能布局

功能布局源自“功能分区”的思想，城乡规划学中明确了城市发展过程中的居住、工作、游憩与交通四大功能分区，自此功能分区的思想宣传开来。功能布局是根据不同功能利用性质进行必要的分区布局。在园林规划设计中除了功能分区布局以外还有根据不同景色的分区布局。

四、点线面的表现形式

点的形式：用交叉的线条或者圆点来代表重要的核心节点或活动节点、人流或信息流节点、潜在的冲突点以及其他具有重要意义的紧凑之地。

线的形式：带状或廊道的线性线条能表现水域、道路、山脊线等轴线线条。可以通过简单的箭头表示走廊和其他运动的轨迹，不同形状和大小的箭头能够清楚地区分主要和次要或带状形式。

面的形式：使用面积和活动区域可以使用不规则的斑块或圆圈标识，在绘制的时候可以考虑不同的功能分区或者景色分区的区别和占地面积。

相关图片

【案例教学】

江苏省句容市天王镇黄土塘美丽乡村规划

【活动设计】

1. 场所：设计室
2. 工具：电脑（含 CAD、PS 软件）
3. 活动实施

表 6-4《美丽乡村的总体架构》活动实施表

序号	步骤	操作及说明
1	明确“一轴一环六节点”的规划结构	根据规划结构的一般思路，明确规划结构的内容。
2	绘制规划结构图	从 CAD 中输出底图，导入 PS 软件中，绘制轴线、环线以及标注节点，并输出图纸，注意过程中可以找点线的素材直接拖进使用，也可以自己绘制。
3	明确规划构思、提出规划构思主题和宣传口号	以目标或问题为导向，提出规划构思，明确主题思想，宣传口号应当朗朗上口、便于理解。可以针对现状问题逐条给出规划思路。
4	绘制功能分区图	从 CAD 中输出底图，导入 PS 软件中，用不同颜色绘制不同的功能分区或景色分区。注意可以调整分区颜色的透明度，让底图内容也可以适当地呈现出来。

职业能力 6 美丽乡村的产业分析

【核心概念】

美丽乡村的产业分析：依据美丽乡村相关的上位规划和规划准则，在调查研究报告的基础之上明确规划的主导产业、产业分类以及产业发展态势做引导性的规划布局。

【相关知识】

一、乡村产业分类

在乡村产业中，农业一直以来是基础产业，占用农村大量劳动力；非农产业主要包括为农业生产服务的生产资料供应业、农产品运输业、农产品销售业以及为农民生活服务的建筑业、工业和商业服务业。在乡村产业经济发展过程中，乡村产业之间的比例关系和相互关系（产业结构）在不断调整优化。乡村农业从简单再生产时代的单一种植业，逐步进化调整为大农业，再继续上升到产业多元化发展。乡村产业类型由单一到多元，逐步细化的过程，使乡村产业结构日益合理，生态循环愈益平衡，经济效益越来越好。乡村产业的分类方式有以下几种：

（1）按产业性质分为物质生产部门和与此有关的非物质生产部门。

（2）按产业内容分为农业、乡村工业、建筑业、交通运输业、商业和服务业六大产业。

（3）按产业分工特点分为第一产业、第二产业和第三产业。第一产业为农业种植业；第二产业以农产品加工业、建筑业为主；第三产业包括为乡村生产、生活服务的生产资料供应、农产品销售、农产品运输、生活服务等服务业，以及对外经营服务的乡村休闲、旅游服务业等。

二、乡村产业发展规划的任务

以乡村产业兴旺为总体要求，以提高农民收入水平、实现农民美好生活为主要目标，明确乡村产业发展规划任务：

（1）积极融入区域产业分工，加快转变农业生产发展方式，提升农作物种植技术水平，增加传统产业产量。

（2）调整乡村经济产业结构，依托现有产业基础，大力发展地方特色产业，推进农业产品加工、观光农业产业开发，实现农业高效化、生态化、品牌化、标准化发展，提高农业综合生产力水平。

（3）构建现代农业产业体系、生产体系、经营体系，完善农业支持保护制度，发展多种形式适度规模经营，培育新型农业经营主体，健全农业社会化服务体系，实现小农户和现代农业发展有机衔接。

（4）促进农村一、二、三产融合发展，支持和鼓励农民就业创业，增加村民就业机会，实现村民的充分就业，拓宽增收渠道，从根本上提高农民的生活质量。

三、乡村产业发展规划的内容与思路

（1）产业基础分析：从宏观、中观、微观等角度分析乡村所在地区的产业发展趋势及自身产业发展基础，确立乡村产业发展定位。

（2）产业发展目标：以产业兴旺、生活富裕为总体要求，从产业品牌建设、产业体系构建、产业融合发展等方面确立乡村产业发展分项目标；根据当前面临的发展需求，可以按时间阶段明确产业发展分步目标。

（3）产业发展策略：基于产业发展目标，从夯实传统农业、挖掘特色产业、促进农村一、二、三产融合发展等方面深入剖析，具体谋划乡村发展策略，并为后期的产业发展引导与空间布局提供基础支撑。

（4）产业发展引导：在产业基础分析和发展目标明确的基础上，确定乡村主导产业；并针对主导产业特点，进行产业项目策划，并选择具体的产业项目。

（5）产业空间布局：将选择的具体产业项目在村域空间上进行落实，确保各产业空间落地。

（6）特色产业发展：在符合主导产业培育的基础上，针对特色农业、特色加工业、特色服务业与休闲旅游业等产业体系进行周密分析，从品牌建设、产业联动、技术推广、空间分布等方面提出乡村发展的思路与建议。

四、产业基础分析

产业基础分析是乡村产业发展规划的基本内容。主要包括：城乡要素流动时空格局分析；乡村所处区域产业发展趋势研判；乡村自身产业发展基础分析等。

1. 城乡要素流动时空格局分析

通过对乡村的区位条件、要素供给等方面的空域认知，以及从区域的市场需求、经济水平等方面的时域认知，分析乡村所在地区的城乡要素流动时空格局。例如，可以将大都市外围不同区位条件的乡村划分为多种产业空间属性，包括日常化体验性消费乡村产业空间、主题公园式消费乡村产业空间、半生产半消费型乡村产业空间、季节性都市农业乡村产业空间等。

2. 乡村所处区域产业发展趋势研判

从上位规划分析着手，与地区、市县域、镇乡域等产业发展规划相衔接，判断区域产业发展趋势，剖析乡村在不同区域层面的产业分工与发展依托，为挖掘乡村产业发展潜力，选择乡村主导产业提供区域支撑。

3. 乡村自身产业发展基础分析

主要从乡村自身的产业类型、产业规模、产业分布、产业资源等方面进行分析总结。

五、产业发展目标

1. 总体目标

乡村产业发展的总体目标主要包括以下几方面内容：

（1）培养乡村“造血”机能：建设并发挥乡村作为基层经济单元的生产作用，积极整合并合理利用各种资源优势，因地制宜发展产业，提升乡村经济实力，培养乡村自身经济“造血”机能，实现乡村产业的可持续发展。

（2）增加农民收入：加强现代农业建设，促进乡村一二三产业互动发展，增加村民就业机会，多渠道提高村民收入，从根本上提高农民的生活质量。

（3）提高农业综合生产力水平：积极融入区域产业分工，加快转变农业生产发展方式。调整乡村产业结构，依托现有产业基础，大力发展地方特色产业，实现农业高效化、生态化、品牌化、标准化发展，提高农业综合生产力水平。

（4）弘扬传统文化：保护和培育以传统手艺、传统美食、历史人文类资源为基础的相关产业，包括特色农产品生产产业、历史文化型产业、革命纪念地型产业，以及其他展现农耕文化型产业，弘扬乡村传统文化。

2. 分项目标

乡村产业发展的分项目标是指与乡村产业培育相关的各种因素所达到的具体目标。乡村产业发展的分项目标以产业要素为导向，与乡村产业发展规划的任务相对应。

3. 分步目标

乡村产业发展的分步目标与各阶段的具体产业建设项目相对应。在不同的阶段，主导产业的培育与具体产业项目会有所变化，至规划期末达到产业发展分项目标要求。

六、产业发展基本策略

1. 夯实传统农业基础

农业生产是乡村的基本职能，各乡村依托自身的自然资源，发展了包括农业种植、林业、畜牧业、副业（如饲料）等水产养殖业等为主的传统产业。在乡村产业发展引导过程中，应有效利用现有的传统产业基础，转变农业生产方式、扩大农业种植规模、创新农业组织方式，进一步夯实乡村的传统农业基础。如在江苏省南通市海门区海永美丽乡村规划中提出，由于乡村毗邻上海大都市，土地开阔平坦，可以通过引进与成立农业开发公司，推进农业规模种植，转变农民身份的方式，转变传统农业生产方式，提高农业产量。

2. 挖潜特色产业经济

乡村特色产业一般属于乡村的主导产业，是实施一村一品、推进乡村经济发展的关键内容。针对乡村产业基础、发展条件、人力资源和就业水平等因素，整合乡村各类资源，从区域城乡统筹和乡村错位分工角度，明确乡村特色产业。在特色产业发展引导中，通过专业化生产、前后向延伸、规模化建设等措施，挖潜特色产业经济。如江苏省南通市海门区海永美丽乡村特色产业发展策略，围绕花卉种植业，打造政府、企业、群众三方驱动的模式，实现花卉规模化种植壮大产业基础、花卉产品创新拓宽产业链、花卉品牌建设延伸产业发展路径；又如浙江省浦江县檀溪镇潘周家村特色产业发展策略，提出围绕着“一根面”传统特色农产业，通过品牌建设、扩大规模、工序展示、旅游服务等策略拉长产业链。

3. 推进产业融合发展

乡村产业融合发展就是以农业为基本依托，通过产业集聚、产业联动、技术渗透、体制创新等方式，将资本、技术以及资源要素进行集约化配置，使农业生产、农产品加工和销售、休闲旅游以及其他服务业有机地整合在一起，使得农村一二三产业之间紧密相连、协同发展，最终实现农业产业链延伸、产业范围扩展和农民收入增加的发展目标。如江苏省的海永美丽乡村规划主要围绕花卉产业，依据农业微笑曲线，培育创新服务产业和休闲旅游产业，形成海永美丽乡村产业体系。

七、产业发展引导

产业发展引导是乡村产业发展规划的主要内容，包括乡村主导产业确定和产业项目策划两个方面。

1. 主导产业确定

依据产业现状基础和产业发展目标，确定乡村主导产业。结合现状的地形地貌、资源条件、产业产品，以及发展目标、服务群体、经营方式等内容，一般可以把乡村主导产业划分为农业主导型、加工主导型、商旅主导型、混合发展型四种类型。

2. 产业项目策划

乡村产业项目策划指基于乡村现有产业基础或产业发展预期，对适宜、可行的项目进行发掘、论证、包装、推介，并对未来的发展起到指导和控制作用。乡村产业项目策划是一种建设性的逻辑思维过程，也是产业空间落地与土地利用布局的关键；策划的项目应遵循适宜性、可行性、创新性、价值性、可持续性等原则，并形成乡村建设的项目清单。

八、产业空间布局

在明确乡村产业发展策略和产业项目策划之后，就要进行乡村空间统筹，将产业发展需求进行空间落定。村域规划将统筹乡村一二三产业发展和空间布局，合理确定农业生产区、农副产品加工区、旅游发展区等产业集中区的布局和用地规模，并进行产业项目布局。村域产业空间布局应遵循以下要求

（1）区域协作：村域产业空间布局要贯彻区域产业布局一盘棋的原则。遵循上位产业布局规划，可以更好地发挥各乡村的资源优势，避免重复建设和盲目生产；也可以更好地处理与周边乡村产业协作关系，实现乡村地区产业布局的合理分工。

（2）全域覆盖：村域产业空间布局应明确村域各个片区的产业发展导向，合理确定农、林、牧、副、渔业，以及农副产品加工、旅游发展等产业发展分区，实现空间布局全域化。

（3）集中与分散相结合：农、林、牧、副、渔等农业产业，由于涉及的农田、林地规模较大，空间分布相对分散，在村域产业空间布局中主要采取整片划定的方式。农副产品加工业、旅游服务业、研发型产业（如良种研发）、其他服务业等二、三产业，在区位上相对集中分布，往往形成村域内的生产中心、服务中心等。

（4）保护生态环境：避免乡村产业经济发展对环境的污染和生态环境的破坏，在村域产业空间布局中，特别是在划定大面积产业空间时，应与生态环境保护和自然资源保护相结合。

产业发展策略、产业项目策划和产业空间布局三者之间存在着相互关联、相辅相成的关系。产业发展策略决定了产业项目的选择，好的产业项目在一定的情况下又会影响甚至改变乡村的产业发展策略；产业发展策略、产业项目策划决定了产业空间布局，但受地形地貌、资源分布等情况影响，产业空间布局又会引导产业定位和产业项目策划的调整。

【案例教学】

江苏省句容市天王镇黄土塘美丽乡村规划

【活动设计】

1. 场所：设计室
2. 工具：电脑（含 CAD、PS 软件）
3. 活动实施

表 6-5《美丽乡村的产业分析》活动实施表

序号	步骤	操作及说明
1	明确产业分类	根据产业发展现状理清产业分类，可以根据主导产业、次要产业、辅助产业进行分类，也可以根据一、二、三产业类别进行分类，也可以确定某一主导产业，细分主导产业类别进行必要的分类。
2	绘制产业布局图	从 CAD 中输出底图，导入 PS 软件中，用不同的色块表示不同产业类别，绘制过程中可以考虑调整色块透明度，让底图空间适当显示出来。

职业能力 7　美丽乡村总平面图绘制

【核心概念】

美丽乡村总平面图：即美丽乡村村庄居民布局点平面图，包含村庄居民点布局形态及其他配套设施布局样式。

【相关知识】

一、村庄居民点空间形态布局模式

在居民点空间形态影响因素分析的基础上，提取山地丘陵、田间平原、水乡人家、湖海岛屿等不同地形地貌的居民点空间形态，结合常见的聚落布局形态，将居民点空间形态布局模式归纳为集中团块型、分散组团型、带状线型三种基本类型。

1. 集中团块型

以一个或多个核心体（宅院群或公共活动空间）为中心，民居围绕中心层层展开，集中布局、成团成块地形成内向性群体空间。集中团块型的居民点中心明确，团块分区明显，用地紧凑节约；居民点街巷多呈网络状发展，主街和次巷脉络清晰，形态肌理内聚性强，随着居民点扩大逐步沿路拓展延伸。集中团块型的居民点中心规模较大，成为村民沟通以及联系整个乡村的公共空间；各团块片区通常拥有各自的小型交流场地，有一定的组群围合空间；街巷在居民点中承担着交通联系和组织村民生活的作用，成为交通联系通道和公共、半公共的线性交往空间。

集中团块型居民点通常出现在山地丘陵盆地、田间平原地区，当水乡、湖海岛屿地区拥有集中足够的建设用地时，也会出现此类居民点。集中团块型布局是在自然条件允许的情况下，各类建设用地集中连片布置，其优点是用地紧凑，便于集中设置完整的公共服务设施，方便居民生活，节省各种工程管线和基础设施投资。由于集中团块布局具有较多的优点，从而成为居民点最常见的空间形态布局模式。

2. 分散组团型

由多个相对独立的居民点，随地形变化或道路、水系相互连接，形成群体组合的乡村空间形态，一般有散点组团与块状组团两种形式。散点组团的居民点在空间形态上较为分散，由若干小型居民点组成组团，再由道路连接各组团形成村庄整体。块状组团的居民点常见于规模较大的乡村，每个组团有一定的规模，受自然地形影响，地势变化比较大，河、湖、塘等水系穿插其中，块状受到地形高差、河网水系分割，形成若干个彼此相对独立、规模相当的组团，其间由道路、水系、植被等连接，各组团既相对独立又密切联系。

分散组团型村庄通常出现在山地丘陵盆地、湖海岛屿地区；在水乡、田间平原地区，受到河、湖、塘等水系分割，也会出现组团型居民点。该种布局模式的居民点，较为理想的形式是生活、生产、服务配套成组成团，各组团的服务配套较为完善。但由于乡村人口规模较小，分散布局会出现许多问题，如彼此联系不方便，也不易集中设置服务设施，基础设施投入较高。居民点在采用分散组团型的布局模式时，应该注意解决以下问题：①各组团的生活与生产用地应保持合适的比例；②各组团要拥有相对独立、服务于自身的公共服务设施；③解决好各组团之间的交通联系；④解决好乡村规划与建设的整体性问题，克服因用地零 散而带来的困难；⑤各组团可以有各自的发展特色，并有利于整个居民点的抱团发展。

3. 带状线型

主要是指随地势、道路或河道走向顺势延伸或环绕成线的布局模式。在水网密集的地区，河道走向和街巷走向往往成为居民点伸展的边界，民居依河或夹河修建；水道和街巷作为基本骨架，起到组织人们日常生活和交通联系的作用；街巷多与河道平行或顺向布局，民居面河或背河布置，水道、建筑、街巷融为一体。在平原地区，居民点往往以一条主要道路为骨架展开；民居选址的交通导向性明显，多沿路而建、平行布置，形式相似、出入方便。在山地丘陵地区，由于没有相对较为平坦的开阔地，居民点只能线状伸展；由于受到地形限制，居民点依山就势沿路建设，形式比较自由，呈现为带状线型的空间形态。

带状线型居民点受到生产生活交通要素的吸引、地形水文对纵深发展的限制、长轴舒展阻力较小等原因，主要出现在沿路径、沿河湖岸线、沿山体沟壑等地区。“滨水而居”是最为原始的生产生活要素吸引的体现，水源从根本上保证了农业生产和生活；“沿路而建”使得每幢建筑的交通更加便捷，经济好处更加优胜，致使沿路地段成为村民竞相争取的地段。带状线型居民点的优点是每幢建筑都拥有相同的发展要素，如交通条件，并有足够的、比较均等的临路界面，使得居 民点的发展建设较为容易。同时，该类布局也存在较多的问题，包括基础设施投入较高，不易集中设置服务设施，村民联系不便等。在采用带状线型的布局模式时，应该注意以下几个问题：①梳理交通，有效组织对内、对外交通职能；②适当集中，集约利用建设用地；③引导远端建设向中段迁移，缩短线型长度；④保护特色，传承特有历史文化元素。

二、居民点空间形态的构成要素

1. 基本分类

居民点空间形态由地貌水系、建构筑物、道路街巷、广场绿化等众多要素融合构成。对村庄构成要素的研究，有利于深入把握居民点空间形态的内在组织关系，并为开展居民点布局提供基础条件。根据上述居民点空间形态的影响因素与布局模式，将居民点空间形态构成要素划分为自然环境、公共空间、街道空 间和住宅院落。

2. 表现特征

自然环境是乡村赖以生存和发展的物质基础，是居民点空间形态的边界与外围领域。公共空间是居民点各项活动的公共中心，也是街道系统的枢纽和民居院落布局的中心。街道空间具有方向性和连接性，能够将其他三要素相互连接，使居民点成为相互协调、有生命力的有机整体。住宅院落是具有围合关系的内向群体空间，属于村民最基本的生活活动空间，也是居民点空间布局的基础要素。上述四种构成要素相互依存，共同组织成居民点的空间形态。表 6–6 为村庄居民点空间形态构成要素的主要特征。

三、居民点空间形态的布局思想

居民点空间形态是乡村自然、经济、社会和公共政策等因素的外在体现，也是自然环境、公共空间、街道空间、住宅院落等要素共同作用的外在表象。居民点空间形态布局就是从总体上分析居民点空间形态的影响因素和构成要素，把握空间形态变化规律，处理好延续与发展的关系，正确引导居民点选择适宜的空间形态布局模式，合理推进村庄的总体布局。

针对集中团块型、分散组团型、带状线型三种不同空间形态的居民点，应采取相适应的规划策略，构建与地域特征相契合的布局模式，进而引导村庄延续发展。居民点空间形态布局思想将从自然环境、公共空间、街道空间、住宅院落四大构成要素出发，建立“边界适宜性、中心导向性、方向性、群组化”四大指导思想，形成以“面、点、线、群”为导向的空间策略，引导居民点空间形态有序布局。

1. 边界适宜性：以“面”形态明确空间边界

分析居民点外围自然环境，以“面”形态构建具有明显边界的外围空间，使居民点形态与边界形态相适应。居民点自然边界的界面大至山川河流树林，小至竹篱草木，均按不同的功能

表 6-6 村庄居民点空间形态构成要素的主要特征

构成要素	主要作用	包含的主要物质元素	影响居民点空间形态的营造方式
自然环境	是村庄赖以生存和发展的物质基础，是居民点空间形态的边界与外围领域。	主要包括村庄居民点以外的 山、水、田	主要体现在自然环境对村庄的选址、立意、规划布局、民居建筑布局等方面的影响，如注重山水村格局、强调人与自然环境和谐、呈现山水田村的相互交融的同时，村庄的不断演进可以更好地与特定的自然环境相适应，形成具有地域特色的居民点空间形态。
公共空间	是村庄各项公共活动的中心，作为街道系统的枢纽，也是村庄住宅院落布局的起始点。	广场、公园、古树、码头、池塘、谷场、晒场，以及公共服务设施、祠堂等公共建筑	公共空间在居民点空间形态中应占据中心位置，位于村庄的中心或交通比较便利的位置，在空间形态布局中起到中心节点的作用。一般通过公共服务设施、住宅、绿化、水体、山体等建筑物、自然地形地物围合形成各具特色的场 地，有强烈的中心性和可识别性。
街道空间	有方向性与连接性，将其他三要素进行相互连接，使村庄成为一个相互协调、有生命力的有机整体。	包括交通性道路与生活性街巷网	交通性道路是整个村庄居民点的骨架，承担过境交通、划分片区、公共服务、连接村庄各片区等功能；交通性道路一般位于村庄外侧，路幅较宽，多为过境公路及等级较高的乡村道路生活性街道网位于组团、片区内，是村民主要的公共活动空间，居住分布两侧，起到组织两侧建筑、构建片区的功能。
住宅院落	是具有围合关系的内向群体空间，作为村民最基本的生活活动空间，也是村庄空间布局的最终目的。	住宅片区、住宅组群、住宅院落	一般通过形式相似、空间围合等方式组织群体空间，形成有一定规模，并在功能、形态、作用、要求等方面具有共同特征的住宅区域，有较强的可识别性。在空间形式上，住宅组群的排列方式可结合自然地形地貌，形成灵活的布局形态；围绕片区公共中心，形成围合的空间关系；也可以住宅之间进行排列组合，形成院落围合空间。

需求构建自然环境围合空间。传统聚落空间注重风水理论的山水田村格局，常将村庄选址于群山环抱、河水绕流的领域之中，构建出山环水绕的村居环境。在水网湖海地区，居民点往往以水系作为物质空间形态的重要载体，形成了独特的水乡风貌；在山地丘陵地区，山水林田生态绿化空间又成为居民点的 绿色屏障，居民点背山面水、负阴抱阳，山水林田村相互交融；在平原地区，居民点灵活布局，呈现出田园、水系、村庄交融一体的空间环境特色。

2. 中心导向性：以“点”形态构建空间核心

梳理公共空间作为居民点各级中心点，建立公共中心体系，以“点”形态构建 居民点中心导向的结构形式。一方面，居民点公共中心是居民活动的主要场所，有利于促进居民邻里的交往；另一方面，居民点公共中心通过中心广场、活动中心、社区中心、组团中心、片区中心、院落中心等形式，构建出整个居民点的中心体系。 集中团块型居民点一般拥有主次中心，主中心结合公共服务设施集中布局于居民点几何中心，次中心分布在各团块内。分散组团型居民点的公共中心一般占据各组团的中心场地，或位于交通比较便利的位置，方便各组团的共享使用。带状线型居民点公共中心的布局应考虑服务半径与服务频率，一般分段布局在人流比较集中的位置，通过公共服务设施与山水田自然环境结合形成公共中心。

3. 方向性：以“线”形态组织空间脉络

合理构建村庄交通性道路与生活性街道网络，以“线”形态组织空间结构和脉络 走向。道路是居民点空间形态的“骨架”，发挥着联系各个片区、组团的作用；道路 系统不但影响村民的出行方式，而且也反映了居民点的整体形象，具有形成居民点结 构、提供生活空间、体现乡村风貌、布置基础设施等多方面功能。在居民点空间形态 的形成过程中，交通性道路延伸控制居民点空间的生长方向，并发展成为整个乡村的 骨架，承担着对外交通功能；而肌理统一的生活性街巷网络，逐步从交通性道路向两 侧伸展，构建了居民点内部空间的生长脉络，承担着便捷入户的功能。

4. 群组化：以“群”形态构建群体空间

梳理各片区、组团的住宅建筑排列方式，以“群”形态构建具有围合关系的群体空间。对于集中团块型居民点形成的规则式群体空间、分散组团型居民点形成的自由灵活布局形式、带状线型居民点形成的住宅院落空间，都应该积极塑造围合的内向群体空间。产生的围合空间具有较强的公共功能，多以景观绿地、活动场地、公共设施为主，强化了群组空间的可识别性。

相关图片

【案例教学】

江苏省句容市天王镇黄土塘美丽乡村规划

【活动设计】

1. 场所：设计室
2. 工具：电脑（含 CAD、PS、PPT 软件）
3. 活动实施

表 6-7《美丽乡村总平面图绘制》活动实施表

序号	步骤	操作及说明
1	理清现状 CAD 图纸	打开现状 CAD 图纸，与现场勘查情况进行比对，理清现场各个要素的位置和相互关系，对现状各要素进行必要的图层分类，将断线、重叠线条、未闭合线条进行处理，理清现状图纸。
2	分要素绘制平面 CAD 图纸	根据分类将建筑、院落、道路、植物、菜地、绿地、水域进行分类绘制，满足各要素规划设计的基本要求，主干道道路串联，尽量规避断头路，可以采用套环式和尽端式并行的混合式道路系统。理清各个节点空间的规划设计，理清公共空间、半公共空间、半私密空间以及私密空间的内在关联。
3	CAD 图纸导入 PS	将绘制好的 CAD 平面图纸分层导入 PS 软件中进行上色、添加投影效果等处理，并输出保存成 JPG 文件。
4	总平面图导入 PPT	通过各种引注将总平面图各区域的示意图展现出来，完成各个分区的节点示意。

工作任务 6.3 美丽乡村专项规划

职业能力 8 道路交通规划设计

【核心概念】

美丽乡村的道路分析图：属于村庄居民点规划设计的专项平面图纸，主要是道路的类型设计、平面设计和断面设计。

【相关知识】

一、道路的分类

根据道路等级分类，村庄道路主要可以分为主要道路、次要道路和支路等，主要道路和次要道路可以通车，支路一般为步行道路。根据交通动静分类，可以将道路分成动态通行交通和静态停车交通。

二、动态交通分类

主干道：美丽乡村主路路基宽度一般按 5.0~7.0m 进行设计，其纵坡小于 8%，横坡小于 4%。

次干道：美丽乡村通往各功能分区的道路路基宽度一般按 3.0~5.0m 进行设计，其纵坡小于 12%。

游步道：美丽乡村内步游道路宽度一般按 1.0~3.0m 进行设计，不设阶梯的人行道纵坡宜小于 18%。

三、静态停车场设计

不同性质的停车场，停放不同类型的车辆，常见的小汽车停放主要有下面两种类型：平行式停车和斜列式停车。

四、道路体系规划设计注意要点:

（1）村主干道建设应进出畅通、路面硬化率达 100%。

（2）村内道路应以现有道路为基础，顺应现有村庄格局，保留原始形态走向，就地取材。

（3）村主干道应按照标准《道路交通标志和标线》GB5768.1-2019 和 GB568.2-2022 的要求设置道路交通标志，村口应设村民标识；历史文化名村、传统村落、特色景观旅游景点应设置指示牌。

（4）利用道路周边、空余场地，适当规划公共停车场（泊位）。

相关图片

【案例教学】

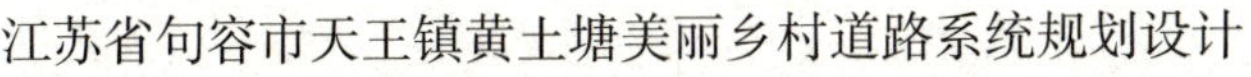

江苏省句容市天王镇黄土塘美丽乡村道路系统规划设计

【活动设计】

1. 场所：设计室
2. 工具：电脑（含 CAD、PS 软件）
3. 活动实施

表 6–8《道路交通规划设计》活动实施表

序号	步骤	操作及说明
1	明确道路分类	理清村庄道路等级分类、道路布局形式。
2	绘制道路规划设计图	从 CAD 中输出底图，导入 PS 软件中，用不同的颜色表示不同等级的道路示意，明确道路的主要出入口位置，明确主干道成套环式布局，将各个重要的节点空间套环串联，其余次干道和支路依次连接，整体道路布局可以采用总体套环和局部尽端的混合式道路布局系统。此外，标明会车空间和停车空间。
3	绘制道路断面示意图	将主要道路、次要道路以及支路的断面示意图绘制出来。
4	绘制停车场布局平面图	将道路的停车场布局图绘制出来。

职业能力 9　景观系统规划设计

【核心概念】

景观系统规划设计：对村庄景观环境进行系统性规划设计，改善居住生活环境，以人与自然和谐发展为根本，着重突出对生态环境和自然资源的保护与利用。

【相关知识】

一、村庄景观规划设计的原则

（1）生态性原则：在乡村景观设计中应当严格遵照景观的生态设计，充分重视乡村原始的自然生态环境保护。

（2）经济性原则：构成乡村景观的主要内容是经济结构。乡村是重要的经济单元，得到农业技术、自然资源、耕作方式等的影响，农业的粗放性始终是困扰乡村经济发展的关键因素。建立高效的人工生态系是乡村景观规划的原则和出发点。

（3）地域性原则：每一个地区都有其独有的乡村景观，这些景观体现了乡村独有的地域特点。从自然景观而言，一定保持自然景观的完整性和多样性，景观规划设计的生态原则是以创造恬静、适宜、自然的生产生活环境为目标，充足重视地域景观特性对于呈现农村风貌有至关重要的作用。

（4）人文性原则：景观规划设计要深入农村的文化资源，如当地的风土人情、民俗文化、名人典故等，通过形式多样用以开发利用，提高农村人文品位，以实现景观资源的可持续发展。

（5）融入性原则：在进行村庄的规划布局时要根据当地村落布局方式，建筑的设计要体现出地方的风格，同时还需尊重村庄中现有的池塘、山坡和植被状况，因地制宜地设计一些人工景观，尽可能将原汁原味的乡村景观形态保持好。

二、村庄景观规划设计的要点

（1）村庄绿化宜采用本地果树林木花草品种，兼顾生态、经济和景观效果，与当地的地形地貌相协调；林草覆盖率山区≥ 80%，丘陵≥ 50%，平原≥ 20%。

（2）庭院、屋顶和围墙提倡立体绿化和美化，适度发展庭院经济。

（3）古树名木采取设置围护栏或砌石等方法进行保护，并设标志牌。

（4）大气、声、土壤环境质量应分别达到《环境空气质量标准》GB 3095-2012、《声环境质量标准》GB 3096-2018、《土壤环境质量 农用地土壤污染风险管控标准（试行）》GB 5618-2018 中与当地环境功能区相对应的要求。

（5）村域内主要河流、湖泊、水库等地表水体水质，沿海村庄的近岸海域海水水质应分别达到《地表水环境质量标准》GB 3838-2002、《海水水质标准》GB 3097-1997 中与当地环境功能区相对应的要求。

【案例教学】

江苏省句容市天王镇黄土塘美丽乡村规划

【活动设计】

1. 场所：设计室
2. 工具：电脑（含 PS、SU、PPT 软件）
3. 活动实施

表 6-9《景观系统规划设计》活动实施表

序号	步骤	操作及说明
1	理清景观现状	理清村庄景观现状，明确急需改造的节点空间。
2	挖掘村庄景观元素	了解村庄文化景观和地域特色，梳理村庄的特色景观元素。
3	绘制景观节点空间	绘制不同类型的景观节点空间，融入村庄的特色景观元素。

园林规划设计

Evaluation Handbook

学习评价

1 项目一

城市道路绿地设计

一路一景，路路有景，
人与自然和谐共生

职业能力 1　路况资料记录与分析【评价】

姓名：　　　　专业：　　　　班级：　　　　学号：

检测内容		完成情况		标准分	评分
		完成	未完成		
知识自测	1）道路红线、建筑红线、开放式绿地、装饰绿地、安全视距、视距三角形的概念（5 分） 2）道路绿地率的概念（5 分） 3）城市道路绿地布置形式有哪些，各有什么优缺点（10 分）			20	
测绘基地现状	1）底图绘制正确，简洁易懂（20 分） 2）设计红线范围明确（10 分） 3）尺寸测量精准（10 分）			40	
分析路况	1）道路交叉口路况分析清楚（10 分） 2）道路周边环境关系分析清楚（10 分）			20	
分析现状	1）道路沿途环境介绍清楚（10 分） 2）现存问题分析清楚（10 分）			20	
同学互评记录					
教师点评记录					

职业能力 2　相关案例的搜集与整理【评价】

姓名：　　　　专业：　　　　班级：　　　　学号：

检测内容		完成情况		标准分	评分
		完成	未完成		
知识自测	1）案例搜集的方法有哪些？（10 分） 2）本案构思过程中你用到了哪些方法？（10 分）			20	
收集案例	1）收集的案例数 5 个以上（20 分） 2）收集案例的完整性、代表性（20 分）			40	
剖析案例	1）案例的总结（20 分） 2）借鉴作用分析（20 分）			40	
同学互评记录					
教师点评记录					

职业能力 3　道路绿地设计构思【评价】

姓名：　　　　专业：　　　　班级：　　　　学号：

检测内容		完成情况		标准分	评分
		完成	未完成		
知识自测	1）方案构思的概念（10 分） 2）提炼设计主题思想的方法（10 分）			20	
作品评价	提炼设计主题是否合理（40 分）			40	
	呈现设计主题是否正确（40 分）			40	
同学互评记录					
教师点评记录					

职业能力 4　标段平面图设计【评价】

姓名：　　　　　　专业：　　　　　　班级：　　　　　　学号：

检测内容		完成情况		标准分	评分
		完成	未完成		
知识自测	1）分车带概念及目的（5 分） 2）分车带设计要点（5 分） 3）路测绿带设计要点（10 分）			20	
作品评价	标段风格和样式是否合理（20 分）			20	
	标段地形等高线是否正确（10 分）			10	
	上木绘制是否正确（20 分）			20	
	下木绘制是否正确（20 分）			20	
	标注是否正确（10 分）			10	
同学互评记录					
教师点评记录					

职业能力 5　绘制标段效果图【评价】

姓名：　　　　专业：　　　　班级：　　　　学号：

检测内容		完成情况		标准分	评分
		完成	未完成		
知识自测	1）一点透视和两点透视的区别（5 分） 2）一点透视的特点（5 分） 3）一点透视的规律（10 分）			20	
作品评价	透视关系是否正确（20 分）			20	
	能否表现出道路标段各分隔带植物群落结构（30 分）			30	
	色彩是否和谐，表现技法是否熟练（20 分）			20	
	整体效果（10 分）			10	
同学互评记录					
教师点评记录					

职业能力 6　标段岛头设计【评价】

姓名：　　　　专业：　　　　班级：　　　　学号：

检测内容		完成情况		标准分	评分
		完成	未完成		
知识自测	1）岛头的概念（5 分） 2）通透式配置的概念（5 分） 3）简述被人行横道或道路出入口断开的分车绿带岛头，其端部应采取通透式配置的三种情况（10 分）			20	
作品评价	透视关系是否正确（20 分）			20	
	通透式配置是否合理？是否影响交通（30 分）			30	
	色彩是否和谐，表现技法是否熟练（20 分）			20	
	整体效果（10 分）			10	
同学互评记录					
教师点评记录					

职业能力 7　编制施工图图纸目录【评价】

姓名：　　　　专业：　　　　班级：　　　　学号：

检测内容			完成情况		标准分	评分
			完成	未完成		
知识自测	1）图框包括哪些内容（5 分） 2）施工图目录如何分类（7 分） 3）施工图目录如何编号（3 分） 4）如何定施工图图幅（5 分）				20	
作品评价	绘制图框	1）图框线条等级是否分明（5 分） 2）图框内容是否完整（签名栏、会签栏等）（5 分） 3）是否会正确设计图框大小（10 分）			20	
	列景施图纸目录	1）图纸名称是否正确（10 分） 2）图纸内容是否完整（10 分）			20	
	列电施图纸目录	1）图纸内容是否完整（10 分） 2）图纸命名是否正确（10 分）			20	
	列水施图纸目录	1）图纸内容是否完整（10 分） 2）图纸命名是否正确（10 分）			20	
同学互评记录						
教师点评记录						

职业能力 8　绘制种植支撑标准大样【评价】

姓名：　　　　专业：　　　　班级：　　　　学号：

检测内容		完成情况		标准分	评分
		完成	未完成		
知识自测	1）常用的种植支撑材料有哪些（4 分） 2）常用的种植支撑方式有哪些（4 分） 3）常用的种植支撑配套的绑扎材料有哪些（4 分） 4）常用的种植支撑配套的垫衬物有哪些（4 分） 5）常用的种植支撑配套的连接件有哪些（4 分）			20	
作品评价	大型乔木的支撑大样绘制正确与否（20 分）			20	
	小型乔木支护示意图绘制正确与否（20 分）			20	
	整形灌木修剪示意图绘制正确与否（20 分）			20	
	攀缘植物支护示意图绘制正确与否（20 分）			20	
同学互评记录					
教师点评记录					

职业能力 9　绘制种植索引图及苗木表【评价】

姓名：　　　　专业：　　　　班级：　　　　学号：

检测内容		完成情况		标准分	评分
		完成	未完成		
知识自测	1）总平面索引图适用的场地有何特点（10 分） 2）苗木总表的内容包括哪几项（10 分）			20	
作品评价	绘制的种植索引图索引位置与目录中索引位置是否一致（30 分）			30	
	苗木总表中所列的内容是否齐全，是否正确（50 分）			50	
同学互评记录					
教师点评记录					

职业能力 10　绘制上木种植图【评价】

姓名：　　　　专业：　　　　班级：　　　　学号：

检测内容		完成情况		标准分	评分
		完成	未完成		
知识自测	1）适合在该地区种植的上木有哪些类型？其中春天开花植物有哪些？夏天开花植物有哪些（10 分） 2）秋天色叶树种有哪些（10 分）			20	
作品评价	分段与索引图中的分段是否一致（10 分）			10	
	分段 1 段上木种植图绘制和标注是否正确（10 分）			10	
	分段 2 段上木种植图绘制和标注是否正确（10 分）			10	
	其他段上木种植图绘制和标注是否正确（50 分）			50	
同学互评记录					
教师点评记录					

职业能力 11　绘制下木种植图【评价】

姓名：　　　　专业：　　　　班级：　　　　学号：

检测内容		完成情况		标准分	评分
		完成	未完成		
知识自测	适合在该地区种植的下木有哪些类型，其中春天开花植物有哪些？夏天开花植物有哪些？秋天色叶树种有哪些（20 分）			20	
作品评价	分段与索引图中的分段是否一致（10 分）			10	
	分段 1 段下木种植图绘制和标注是否正确（10 分）			10	
	分段 2 段下木种植图绘制和标注是否正确（10 分）			10	
	其他段下木种植图绘制和标注是否正确（50 分）			50	
同学互评记录					
教师点评记录					

职业能力 12　绘制节点详图【评价】

姓名：　　　　　　专业：　　　　　　班级：　　　　　　学号：

<table>
<tr><td colspan="2" rowspan="2">检测内容</td><td colspan="2">完成情况</td><td rowspan="2">标准分</td><td rowspan="2">评分</td></tr>
<tr><td>完成</td><td>未完成</td></tr>
<tr><td>知识自测</td><td>1）道路节点的意义（10 分）
1）道路节点的设计要点（10 分）</td><td></td><td></td><td>20</td><td></td></tr>
<tr><td rowspan="3">作品评价</td><td>节点平面图绘制正确与否（20 分）</td><td></td><td></td><td>20</td><td></td></tr>
<tr><td>节点立面图绘制正确与否（20 分）</td><td></td><td></td><td>20</td><td></td></tr>
<tr><td>节点效果图绘制正确与否（40 分）</td><td></td><td></td><td>40</td><td></td></tr>
<tr><td>同学互评记录</td><td colspan="5"></td></tr>
<tr><td>教师点评记录</td><td colspan="5"></td></tr>
</table>

职业能力 13　绘制绿化浇洒平面布置图【评价】

姓名：　　　　　　专业：　　　　　　班级：　　　　　　学号：

检测内容		完成情况		标准分	评分
		完成	未完成		
知识自测	1）绿化浇洒施工一般要求有哪些（10 分） 2）如何计算浇洒绿化用水量（10 分）			20	
作品评价	绿化浇洒管网绘制正确与否（40 分）			40	
	水表及水表井绘制正确与否（10 分）			10	
	工程图例表绘制正确与否（10 分）			10	
	阀门井绘制正确与否（10 分）			10	
	取水栓绘制正确与否（10 分）			10	
同学互评记录					
教师点评记录					

职业能力 14　施工图布局出图【评价】

姓名：　　专业：　　班级：　　学号：

检测内容		完成情况		标准分	评分
		完成	未完成		
知识自测	1）模型空间和布局空间的区别是什么（10 分） 2）写出布局出图步骤（10 分）			20	
作品评价	标准图框信息绘制是否完整（5 分）			5	
	布局设置是否正确（10 分）			10	
	视口绘制是否符合要求（5 分）			5	
	出图比例设置是否正确（10 分）			10	
	标注样式设置合理（20 分）			20	
	批量打印出图是否正确（30 分）			30	
同学互评记录					
教师点评记录					

城市道路绿地设计【学习总评价】

工作任务	学习内容	权重(%)	汇总分	实际得分	总分
1.1 城市道路场地前期分析	路况资料记录与分析	5			
1.2 道路绿地方案构思与推敲	相关案例的搜集与整理	5			
	道路绿地设计构思	5			
1.3 道路详细设计	标段平面图设计	10			
	绘制标段效果图	10			
	标段岛头设计	10			
1.4 城市道路绿地施工图设计	编制施工图图纸目录	5			
	绘制种植支撑标准大样	5			
	编制苗木配置表、绘制种植索引图	5			
	绘制上木种植图	10			
	绘制下木种植图	10			
	绘制节点详图	5			
	绘制绿化浇洒平面布置图	5			
	施工图布局出图	10			

2 项目二

广场绿地设计

广阔场地，互动交流，和谐社会

职业能力 1　基地资料记录与分析【评价】

姓名：　　专业：　　班级：　　学号：

检测内容		完成情况		标准分	评分
		完成	未完成		
知识自测	1）广场按照功能分为哪几类（10 分） 2）文化休闲广场、交通广场、商业广场的概念是什么（5 分） 3）文化休闲广场与交通广场有哪些功能区，交通如何组织（5 分）			20	
测绘基地现状	1）底图绘制正确，简洁易懂（20 分） 2）设计红线范围明确（10 分） 3）尺寸测量精准（10 分）			40	
分析现状	1）周边环境介绍清楚（10 分） 2）现存问题分析清楚（10 分） 3）现状地形高差测量和记录正确（10 分） 4）大树及地面设施位置记录正确（10 分）			40	
同学互评记录					
教师点评记录					

职业能力 2　相关案例搜集与整理【评价】

姓名：　　　　　专业：　　　　　班级：　　　　　学号：

检测内容		完成情况		标准分	评分
		完成	未完成		
知识自测	1）案例搜集的方法有哪些（10 分） 2）本案构思过程中你用到了哪些方法（10 分）			20	
收集案例	1）收集的案例数 5 个以上（25 分） 2）收集案例的完整性、代表性（15 分）			40	
剖析案例	1）案例的总结（20 分） 2）借鉴作用分析（20 分）			40	
同学互评记录					
教师点评记录					

职业能力 3　广场绿地设计方案构思【评价】

姓名：　　　　专业：　　　　班级：　　　　学号：

<table>
<tr><th colspan="2" rowspan="2">检测内容</th><th colspan="2">完成情况</th><th rowspan="2">标准分</th><th rowspan="2">评分</th></tr>
<tr><th>完成</th><th>未完成</th></tr>
<tr><td>知识自测</td><td>1）方案构思的概念（10 分）
2）提炼设计主题思想的方法（10 分）</td><td></td><td></td><td>20</td><td></td></tr>
<tr><td rowspan="2">作品评价</td><td>提炼设计主题是否合理（40 分）</td><td></td><td></td><td>40</td><td></td></tr>
<tr><td>呈现设计主题是否正确（40 分）</td><td></td><td></td><td>40</td><td></td></tr>
<tr><td>同学互评记录</td><td colspan="5"></td></tr>
<tr><td>教师点评记录</td><td colspan="5"></td></tr>
</table>

职业能力 4　广场绿地设计方案推敲比较【评价】

姓名：　　　　　专业：　　　　　班级：　　　　　学号：

检测内容		完成情况		标准分	评分
		完成	未完成		
知识自测	1）什么是设计推敲（10 分） 2）多方案比较优势是什么（10 分）			20	
平面方案	1）完成两个以上的平面方案（20 分） 2）写清楚主题及思路、平面设施（20 分）			40	
方案比较	1）比较同学之间的方案并总结（20 分） 2）比较自己的两个方案并选出最佳（20 分）			40	
同学互评记录					
教师点评记录					

职业能力 5　绘制广场彩色总平面图【评价】

姓名：　　　　专业：　　　　班级：　　　　学号：

检测内容		完成情况		标准分	评分
		完成	未完成		
知识自测	1）平面图的概念和作用（5 分） 2）彩色平面图绘制要点（5 分） 3）彩色平面图绘制步骤（10 分）			20	
作品评价	风格和样式是否合理（20 分）			20	
	地形等高线是否正确（10 分）			10	
	铺装绘制是否正确（20 分）			20	
	植物绘制是否正确（20 分）			20	
	标注是否正确（10 分）			10	
同学互评记录					
教师点评记录					

职业能力 6　绘制广场观景流线分析图【评价】

姓名：　　　　专业：　　　　班级：　　　　学号：

检测内容		完成情况		标准分	评分
		完成	未完成		
知识自测	1）分析图的概念和分类（10 分） 2）观景流线分析图制作技巧（10 分） 3）观景流线分析图绘制步骤（10 分）			30	
作品评价	色彩搭配是否合理（10 分）			10	
	位置放置是否正确（20 分）			20	
	方向是否正确（20 分）			20	
	流线主次是否正确（10 分）			10	
	标注是否正确（10 分）			10	
同学互评记录					
教师点评记录					

职业能力 7　绘制广场鸟瞰图【评价】

姓名：　　　　专业：　　　　班级：　　　　学号：

检测内容		完成情况		标准分	评分
		完成	未完成		
知识自测	1）鸟瞰图的概念（10 分） 2）鸟瞰图绘制要点（10 分） 3）鸟瞰图绘制步骤（10 分）			30	
作品评价	视角是否最佳（10 分）			10	
	能否表现出广场的全景（10 分）			10	
	能否表现出植物群落结构（10 分）			10	
	色彩是否和谐，表现技法是否熟练（20 分）			20	
	整体效果（20 分）			20	
同学互评记录					
教师点评记录					

职业能力 8　绘制广场彩色剖立面图【评价】

姓名：　　　　　　专业：　　　　　　班级：　　　　　　学号：

检测内容		完成情况		标准分	评分
		完成	未完成		
知识自测	1）立面图和剖面图的概念（10 分） 2）彩色剖面图绘制要点（10 分） 3）彩色剖面图绘制步骤（10 分）			30	
作品评价	风格和样式是否合理（20 分）			20	
	地形等高线是否正确（10 分）			10	
	图片导出视角符合剖析要求（10 分）			10	
	植物绘制是否正确（20 分）			20	
	标注是否正确（10 分）			10	
同学互评记录					
教师点评记录					

职业能力 9　绘制广场局部效果图【评价】

姓名：　　专业：　　班级：　　学号：

检测内容		完成情况		标准分	评分
		完成	未完成		
知识自测	1）效果图的概念（5 分） 2）透视的规律（5 分） 3）局部效果图绘制要点（10 分） 4）局部效果图绘制步骤（10 分）			30	
作品评价	透视关系是否正确（20 分）			20	
	能否表现出植物群落结构（10 分）			10	
	色彩是否和谐？表现技法是否熟练（20 分）			20	
	整体效果（20 分）			20	
同学互评记录					
教师点评记录					

职业能力 10　绘制广场景观小品效果图【评价】

姓名：　　　　专业：　　　　班级：　　　　学号：

检测内容		完成情况		标准分	评分
		完成	未完成		
知识自测	1）景观小品的概念（5 分） 2）景观小品设计原则（5 分） 3）景观小品设计内容（10 分） 4）景观小品作用（10 分） 5）小品效果图绘制步骤（10 分）			40	
作品评价	透视关系是否正确（10 分）			10	
	能否表现出小品的整体结构（10 分）			10	
	色彩是否和谐？表现技法是否熟练（20 分）			20	
	整体效果（20 分）			20	
同学互评记录					
教师点评记录					

职业能力 11　制作广场方案文本【评价】

姓名：　　　　专业：　　　　班级：　　　　学号：

检测内容		完成情况		标准分	评分
		完成	未完成		
知识自测	1）什么是排版设计（10 分） 2）总结色彩的搭配规律（10 分） 3）形式美法则有哪些？具体运用举例（10 分）			30	
作品评价	整套文本信息是否完整（30 分）			30	
	文本设计效果是否美观（20 分）			20	
	文本页面版式风格是否一致（10 分）			10	
	文字命名正确，页码对应（10 分）			10	
同学互评记录					
教师点评记录					

职业能力 12　编制施工图图纸目录【评价】

姓名：　　　　专业：　　　　班级：　　　　学号：

<table>
<tr><th colspan="3" rowspan="2">检测内容</th><th colspan="2">完成情况</th><th rowspan="2">标准分</th><th rowspan="2">评分</th></tr>
<tr><th>完成</th><th>未完成</th></tr>
<tr><td>知识自测</td><td colspan="2">1）图框包括哪些内容（5 分）
2）施工图目录如何分类（5 分）
3）施工图目录如何编号（5 分）
4）如何定施工图图幅（5 分）</td><td></td><td></td><td>20</td><td></td></tr>
<tr><td rowspan="5">作品评价</td><td>绘制图框</td><td>1）图框线条等级是否分明（5 分）
2）图框内容是否完整（签名栏、会签栏等）（5 分）
3）是否会正确设计图框大小（10 分）</td><td></td><td></td><td>20</td><td></td></tr>
<tr><td>列景施图纸目录</td><td>1）图纸内容是否完整（10 分）
2）图纸命名是否正确（10 分）</td><td></td><td></td><td>20</td><td></td></tr>
<tr><td>列绿施图纸目录</td><td>1）图纸内容是否完整（10 分）
2）图纸命名是否正确（10 分）</td><td></td><td></td><td>20</td><td></td></tr>
<tr><td>列电施图纸目录</td><td>1）图纸内容是否完整（5 分）
2）图纸命名是否正确（5 分）</td><td></td><td></td><td>10</td><td></td></tr>
<tr><td>列水施图纸目录</td><td>1）图纸内容是否完整（5 分）
2）图纸命名是否正确（5 分）</td><td></td><td></td><td>10</td><td></td></tr>
<tr><td>同学互评记录</td><td colspan="6"></td></tr>
<tr><td>教师点评记录</td><td colspan="6"></td></tr>
</table>

职业能力 13　编制苗木配置表【评价】

姓名：　　　　专业：　　　　班级：　　　　学号：

检测内容		完成情况		标准分	评分
		完成	未完成		
知识自测	1）苗木配置表的参数表示什么（10 分） 2）苗木配置表的规格如何定义（15 分） 3）苗木总表的内容包括哪几项（15 分）			40	
作品评价	苗木总表中所列的内容是否齐全（30 分）			30	
	苗木总表中所列的内容是否正确（30 分）			30	
同学互评记录					
教师点评记录					

职业能力 14　绘制植物平面图【评价】

<table>
<tr><td colspan="7">姓名：　　　　　　专业：　　　　　　班级：　　　　　　学号：</td></tr>
<tr><td colspan="2" rowspan="2">检测内容</td><td colspan="2">完成情况</td><td rowspan="2">标准分</td><td rowspan="2">评分</td></tr>
<tr><td>完成</td><td>未完成</td></tr>
<tr><td>知识自测</td><td>1）苗木按照生长习性和形态特征如何分类（10 分）
2）乔灌木植物配置基本形式有哪些（10 分）
3）西津渡玉山广场植物平面图中四季植物观赏点有哪些（10 分）</td><td></td><td></td><td>30</td><td></td></tr>
<tr><td rowspan="3">作品评价</td><td>彩色种植平面图标注是否正确？效果是否佳（30 分）</td><td></td><td></td><td>30</td><td></td></tr>
<tr><td>上木种植图绘制和标注是否正确（20 分）</td><td></td><td></td><td>20</td><td></td></tr>
<tr><td>下木种植图绘制和标注是否正确（20 分）</td><td></td><td></td><td>20</td><td></td></tr>
<tr><td>同学互评记录</td><td colspan="5"></td></tr>
<tr><td>教师点评记录</td><td colspan="5"></td></tr>
</table>

职业能力 15　绘制铺装物料图和铺装结构详图【评价】

姓名：　　　　　　专业：　　　　　　班级：　　　　　　学号：

检测内容		完成情况		标准分	评分
		完成	未完成		
知识自测	1）铺装物料图的概念（5 分） 2）铺装结构详图的概念（5 分） 3）常见的园林路面铺装形式有哪些，请列举 10 种以上（10 分）			20	
作品评价	铺装平面图绘制正确与否（30 分）			30	
	铺装标注正确与否（20 分）			20	
	铺装结构剖面绘制正确与否（30 分）			30	
同学互评记录					
教师点评记录					

广场绿地设计【项目学习总评价】

工作任务	学习内容	权重 %	汇总分	实际得分	总分
2.1 广场场地前期分析	基地资料记录与分析	5			
	基地资料分析与整理	5			
2.2 广场绿地方案构思与推敲	相关案例搜集与整理	5			
	广场绿地设计方案构思	5			
	广场绿地设计方案推敲比较	5			
2.3 广场绿地效果图设计	绘制广场彩色总平面图	10			
	绘制广场观景流线分析图	5			
	绘制广场鸟瞰图	10			
	绘制广场剖面图	5			
	绘制广场局部效果图	5			
	绘制广场小品效果图	5			
	制作广场方案文本	10			
2.4 广场绿地施工图设计	编制施工图图纸目录	5			
	编制苗木配置表	5			
	绘制植物平面图	10			
	绘制铺装物料图和铺装结构详图	5			

3 项目三

居住区绿地设计

人居风景里，心泊幸福中

职业能力 1　基地资料记录与分析【评价】

姓名：　　　　专业：　　　　班级：　　　　学号：

检测内容		完成情况		标准分	评分
		完成	未完成		
知识自测	1）居住区现状调研的内容有哪些（5 分） 2）分析不同土质的用途（5 分） 3）简述居住区绿化的基本要求（10 分）			20	
准备设计底图	1）底图绘制正确，简洁易懂（10 分） 2）设计红线范围明确（5 分） 3）尺寸测量精准（15 分）			30	
拍摄现场照片及视频	1）场地全景照≥ 2 张（5 分） 2）局部节点照片≥ 10 张（10 分） 3）现有设施及大树照片≥ 5 张（5 分） 4）全景视频 1 个（5 分） 5）局部视频≥ 5 个（5 分）			30	
场地调查与分析	1）周边环境关系介绍清楚（5 分） 2）土质和水质情况测量和记录正确（5 分） 3）现状地形高差测量和记录正确（5 分） 4）大树及地面设施位置记录正确（5 分）			20	
同学互评记录					
教师点评记录					

职业能力 2 收集居住区绿地设计优秀案例【评价】

姓名： 专业： 班级： 学号：

检测内容		完成情况		标准分	评分
		完成	未完成		
知识自测	1）阐述什么是优秀案例（10 分） 2）阐述案例分析的目的（5 分） 3）阐述优秀案例搜集的方法有哪些（5 分） 4）阐述居住区优秀案例分析的主要内容有哪些（10 分）			30	
收集案例	1）收集的案例数 5 个以上（15 分） 2）收集的案例完整性、代表性（15 分）			30	
案例分析	1）案例的总结（20 分） 2）借鉴作用分析（20 分）			40	
同学互评记录					
教师点评记录					

职业能力 3　居住区绿地设计构思【评价】

姓名：　　　　专业：　　　　班级：　　　　学号：

检测内容		完成情况		标准分	评分
		完成	未完成		
知识自测	1）方案构思的概念（10 分） 2）提炼设计的主题思想的方法（10 分）			20	
作品评价	提炼设计主题是否合理（20 分）			20	
	呈现设计主题是否正确（20 分）			20	
	草图勾勒是否深入具体（40 分）			40	
同学互评记录					
教师点评记录					

职业能力 4　绘制居住区总平面图和分区平面图【评价】

姓名：　　　　　　专业：　　　　　　班级：　　　　　　学号：

检测内容		完成情况		标准分	评分
		完成	未完成		
知识自测	1）平面图基本内容有哪些（5 分） 2）平面图中标注包括的内容有哪些（5 分）			10	
作品评价	1）能否独立绘制出居住区总平面图（30 分） 2）能否独立绘制出居住区分区平面图（30 分）			60	
	图面表达（20 分）			20	
	整体效果（10 分）			10	
同学互评记录					
教师点评记录					

职业能力 5　绘制居住区绿地交通分析图【评价】

姓名：　　　　专业：　　　　班级：　　　　学号：

检测内容		完成情况		标准分	评分
		完成	未完成		
知识自测	1）能否合理设置居住区主次入口和地下车库出入口的位置（10 分） 2）能否合理划分出道路等级（10 分）			20	
作品评价	能否合理划分出居住区绿地交通（60 分）			60	
	图面表达（10 分）			10	
	整体效果（10 分）			10	
同学互评记录					
教师点评记录					

职业能力 6　绘制居住区绿地功能分区图【评价】

姓名：　　　　专业：　　　　班级：　　　　学号：

检测内容		完成情况		标准分	评分
		完成	未完成		
知识自测	1)能否合理划分出居住区绿地不同的功能区(15 分) 2)能否独立绘制出居住区景观功能分区图(15 分)			30	
作品评价	能否合理划分出居住区绿地功能分区(40 分)			40	
	图面表达(20 分)			20	
	整体效果(10 分)			10	
同学互评记录					
教师点评记录					

职业能力 7　绘制居住区绿地入口效果图【评价】

姓名：　　　　专业：　　　　班级：　　　　学号：

检测内容		完成情况		标准分	评分
		完成	未完成		
知识自测	效果图表达技巧有哪些？请举例谈谈（20 分）			20	
作品评价	透视关系是否正确（20 分）			20	
	能否表现出居住区入口中各要素与周边的关系（30 分）			30	
	色彩是否和谐？表现技法是否熟练（20 分）			20	
	整体效果（10 分）			10	
同学互评记录					
教师点评记录					

职业能力 8　绘制居住区健身区效果图【评价】

姓名：　　　　专业：　　　　班级：　　　　学号：

检测内容		完成情况		标准分	评分
		完成	未完成		
知识自测	效果图表达技巧有哪些？请举例谈谈（20 分）			20	
作品评价	透视关系是否正确（20 分）			20	
	能否表现出居住区健身区中各要素与周边的关系（30 分）			30	
	色彩是否和谐？表现技法是否熟练（20 分）			20	
	整体效果（10 分）			10	
同学互评记录					
教师点评记录					

职业能力 9　绘制居住区中心绿地效果图【评价】

姓名：　　　　专业：　　　　班级：　　　　学号：

检测内容		完成情况		标准分	评分
		完成	未完成		
知识自测	效果图表达技巧有哪些？请举例谈谈（20 分）			20	
作品评价	透视关系是否正确（20 分）			20	
	能否表现出居住区中心绿地中各要素与周边的关系（30 分）			30	
	色彩是否和谐？表现技法是否熟练（20 分）			20	
	整体效果（10 分）			10	
同学互评记录					
教师点评记录					

职业能力 10　编制居住区绿地苗木配置表【评价】

姓名：　　　　　　专业：　　　　　　班级：　　　　　　学号：

检测内容		完成情况		标准分	评分
		完成	未完成		
知识自测	1）苗木表的主要内容有哪些（15 分） 2）苗木表在施工图中有哪些作用（15 分）			30	
根据苗木表制作图块	1）苗木表的植物图例与植物种植平面图图例一致（15 分） 2）植物图例图块直径与植物实际尺寸相等（15 分）			30	
完成苗木表	1）苗木表内容齐全（编号、树种、规格、种植面积、种植密度、数量和备注）(15 分) 2）苗木表规格等单位格式正确：冠幅（P）、高度（H）、地径(D)。单位都是cm(厘米)，地被按照平方米计算(10 分) 3）苗木表植物的数量统计正确（15 分）			40	
同学互评记录					
教师点评记录					

职业能力 11　绘制居住区绿地植物种植设计上木图【评价】

姓名：　　　　专业：　　　　班级：　　　　学号：

检测内容		完成情况		标准分	评分
		完成	未完成		
知识自测	适合在该地区种植的上木有哪些类型？其中春天开花植物有哪些？夏天开花植物有哪些？秋天色叶树种有哪些（20 分）			20	
作品评价	分区与索引图中的分段是否一致（10 分）			10	
	分区 1 上木种植图绘制和标注是否正确（35 分）			35	
	分区 2 上木种植图绘制和标注是否正确（35 分）			35	
同学互评记录					
教师点评记录					

职业能力 12　绘制居住区绿地植物种植设计下木图【评价】

姓名：　　　　专业：　　　　班级：　　　　学号：

检测内容		完成情况		标准分	评分
		完成	未完成		
知识自测	适合在该地区种植的下木有哪些类型？其中春天开花植物有哪些？夏天开花植物有哪些？秋天色叶树种有哪些（20 分）			20	
作品评价	分区与索引图中的分段是否一致（10 分）			10	
	分区 1 下木种植图绘制和标注是否正确（35 分）			35	
	分区 2 下木种植图绘制和标注是否正确（35 分）			35	
同学互评记录					
教师点评记录					

居住区绿地设计【项目学习总评价】

<table>
<tr><th>工作任务</th><th>学习内容</th><th>权重 %</th><th>汇总分</th><th>实际得分</th><th>总分</th></tr>
<tr><td>3.1 居住区场地前期分析</td><td>基地资料记录与分析</td><td>5</td><td></td><td></td><td rowspan="9"></td></tr>
<tr><td rowspan="2">3.2 居住区绿地设计构思与方案推敲</td><td>收集居住区绿地设计相关案例</td><td>5</td><td></td><td></td></tr>
<tr><td>居住区绿地设计构思</td><td>10</td><td></td><td></td></tr>
<tr><td rowspan="6">3.3 居住区绿地方案设计</td><td>绘制居住区绿地方案总平面图和分区平面图</td><td>20</td><td></td><td></td></tr>
<tr><td>绘制居住区绿地交通分析图</td><td>10</td><td></td><td></td></tr>
<tr><td>绘制居住区绿地功能分区图</td><td>5</td><td></td><td></td></tr>
<tr><td>绘制居住区绿地入口效果图</td><td>5</td><td></td><td></td></tr>
<tr><td>绘制居住区健身区效果图</td><td>5</td><td></td><td></td></tr>
<tr><td>绘制居住区中心绿地效果图</td><td>5</td><td></td><td></td></tr>
<tr><td rowspan="3">3.4 居住区植物种植设计</td><td>编制苗木配置表</td><td>10</td><td rowspan="3"></td><td rowspan="3"></td><td rowspan="3"></td></tr>
<tr><td>绘制上木种植图</td><td>10</td></tr>
<tr><td>绘制下木种植图</td><td>10</td></tr>
</table>

4 项目四

庭院绿地设计

我们设计的不是花园，
而是居住者的生活。

职业能力 1　基地资料记录与分析【评价】

姓名：　　　　专业：　　　　班级：　　　　学号：

检测内容		完成情况		标准分	评分
		完成	未完成		
知识自测	1）庭院的概念； 住宅庭院的概念； 庭院基地资料的概念； 基地资料记录与分析的概念（5 分） 2）庭院类型（按风格划分）； 庭院类型（按使用者划分）； 庭院类型（按样式划分）； 庭院类型（按所处环境和功能划分）（5 分） 3）住宅庭院场地分析内容有哪些（10 分） 4）分析不同土质的用途（10 分）			30	
准备设计底图	1）底图绘制正确，简洁易懂（10 分） 2）设计红线范围明确（5 分） 3）尺寸测量精准（15 分）			20	
拍摄现场照片及视频	1）场地全景照≥ 2 张（5 分） 2）局部节点照片≥ 10 张（10 分） 3）现有设施及大树照片≥ 5 张（5 分） 4）全景视频 1 个（5 分） 5）局部视频≥ 5 个（5 分）			20	
场地调查与分析	1）周边环境关系介绍清楚（5 分） 2）土质和水质情况测量和记录正确（5 分） 3）现状地形高差测量和记录正确（5 分） 4）大树及地面设施位置记录正确（5 分）			30	
同学互评记录					
教师点评记录					

职业能力 2 业主信息的记录与分析【评价】

姓名： 专业： 班级： 学号：

检测内容		完成情况		标准分	评分
		完成	未完成		
知识自测	1）业主信息的记录与分析的概念（5 分） 2）业主信息须重点记录的内容包括哪些（10 分） 3）需记录的业主基本情况主要包括哪些（5 分） 4）需记录的理想中的庭院主要包括哪些（5 分） 5）需记录的活动场地主要包括哪些（5 分）			30	
记录与分析评价	与业主沟通并记录其基本情况（10 分） 与业主沟通并记录其对理想中的庭院的理解（10 分） 与业主沟通并记录其对活动场地的要求（10 分）			30	
	业主对基地的理解的分析（40 分）			40	
同学互评记录					
教师点评记录					

职业能力 3　庭院场地方案构思【评价】

姓名：　　　　专业：　　　　班级：　　　　学号：

检测内容			完成情况		标准分	评分
			完成	未完成		
知识自测	1）方案构思的概念，庭院场地方案构思的概念（5 分） 2）庭院功能空间的划分一般有哪些（5 分） 3）简述庭院空间设计原则（10 分） 4）庭院空间形式构成主题有哪些（10 分）				30	
作品评价	功能图解	1）能结合庭院内部和外部环境，功能定位准确与否（20 分） 2）表现技法熟练与否（5 分） 3）整体效果（5 分）			30	
	图解符号的转换	1）图解符号的转换清晰与否（30 分） 2）整体效果（10 分）			40	
同学互评记录						
教师点评记录						

职业能力 4　绘制庭院总平面图【评价】

姓名：　　　专业：　　　班级：　　　学号：

检测内容		完成情况		标准分	评分
		完成	未完成		
知识自测	1）阐述总平面图的概念（5 分） 2）总平面图基本内容有哪些（10 分） 3）总平面图中标注包括的内容有哪些（5 分）			20	
作品评价	能否根据初步设计图做进一步深化处理（50 分）			50	
	图面表达（20 分）			20	
	整体效果（10 分）			10	
同学互评记录					
教师点评记录					

职业能力 5　绘制庭院效果图【评价】

姓名：　　　　　　专业：　　　　　　班级：　　　　　　学号：

检测内容		完成情况		标准分	评分
		完成	未完成		
知识自测	1）阐述绘制庭院效果图的概念（5 分） 2）SU 绘制技巧有哪些？请举例谈谈（10 分） 3）效果图制作技巧有哪些？请举例谈谈（5 分）			20	
作品评价	透视关系是否正确（20 分）			20	
	能否表现出庭院场地中各要素与别墅建筑的关系（30 分）			30	
	色彩是否和谐，表现技法是否熟练（20 分）			20	
	整体效果（10 分）			10	
同学互评记录					
教师点评记录					

职业能力 6　编制庭院施工图图纸目录【评价】

姓名：　　　专业：　　　班级：　　　学号：

检测内容			完成情况		标准分	评分
			完成	未完成		
知识自测	1）庭院施工图图纸目录的概念（2 分） 2）图框包括哪些内容（5 分） 3）施工图目录如何分类（5 分） 4）施工图目录如何编号（3 分） 5）如何定施工图图幅（5 分）				20	
作品评价	绘制图框	1）图框线条等级是否分明（5 分） 2）图框内容是否完整（签名栏、会签栏等）（5 分） 3）是否会正确设计图框大小（10 分）			20	
	列总图目录	1）总图图纸名称是否正确（10 分） 2）总图图纸内容是否完整（20 分）			30	
	列详图目录	1）详图图纸内容是否完整（20 分） 2）详图图纸命名是否正确（10 分）			30	
同学互评记录						
教师点评记录						

职业能力 7　绘制总平面索引图【评价】

姓名：　　　　　　专业：　　　　　　班级：　　　　　　学号：

检测内容			完成情况		标准分	评分
			完成	未完成		
知识自测	1）索引符号有哪几种（5 分） 2）索引符号圆内编号的含义是什么（5 分） 3）详图编号如何使用（5 分） 4）总平面图索引和详图索引有何区别（5 分）				20	
作品评价	准备工作	1）是否会插入参照底图（10 分） 2）是否会建视口（5 分） 3）是否新建图层（5 分）			20	
	绘制索引符号	1）索引符号是否绘制正确（20 分） 2)索引符号中的圆内编号是否正确(40 分）			60	
同学互评记录						
教师点评记录						

职业能力 8　绘制总平面定位图【评价】

姓名：　　　　专业：　　　　班级：　　　　学号：

<table>
<tr><td colspan="3" rowspan="2">检测内容</td><td colspan="2">完成情况</td><td rowspan="2">标准分</td><td rowspan="2">评分</td></tr>
<tr><td>完成</td><td>未完成</td></tr>
<tr><td>知识自测</td><td colspan="2">1）方格网的原点如何确定（5 分）
2）方格网的边长是多少（5 分）
3）尺寸标注的单位是什么（5 分）
4）尺寸标注的对象有哪些（5 分）</td><td></td><td></td><td>20</td><td></td></tr>
<tr><td rowspan="3">作品评价</td><td>准备工作</td><td>1）是否会新建视口（5 分）
2）是否新建图层（5 分）</td><td></td><td></td><td>10</td><td></td></tr>
<tr><td>绘制定位坐标网</td><td>1)方格网数据标注是否正确(10 分)
2）方格网原点是否正确（10 分）
3）方格网边长是否合理（10 分）</td><td></td><td></td><td>30</td><td></td></tr>
<tr><td>尺寸标注</td><td>1)尺寸标注单位是否正确(10 分)
2）尺寸标注是否完整（30 分）</td><td></td><td></td><td>40</td><td></td></tr>
<tr><td>同学互评记录</td><td colspan="6"></td></tr>
<tr><td>教师点评记录</td><td colspan="6"></td></tr>
</table>

职业能力 9　绘制总平面图标高图【评价】

姓名：　　　　专业：　　　　班级：　　　　学号：

<table>
<tr><th colspan="3" rowspan="2">检测内容</th><th colspan="2">完成情况</th><th rowspan="2">标准分</th><th rowspan="2">评分</th></tr>
<tr><th>完成</th><th>未完成</th></tr>
<tr><td>知识自测</td><td colspan="2">1）标高符号有哪几种（5 分）
2）标高符号绘制要点（5 分）
3）常见造园要素的高程是多少（10 分）</td><td></td><td></td><td>20</td><td></td></tr>
<tr><td rowspan="2">作品评价</td><td>绘制标高符号</td><td>1）标高符号绘制是否正确（15 分）
2）标高符号绘制位置是否正确（20 分）</td><td></td><td></td><td>35</td><td></td></tr>
<tr><td>元素标高</td><td>1）元素标高是否完整（20 分）
2）元素标高高程是否正确（25 分）</td><td></td><td></td><td>45</td><td></td></tr>
<tr><td>同学互评记录</td><td colspan="6"></td></tr>
<tr><td>教师点评记录</td><td colspan="6"></td></tr>
</table>

职业能力 10　绘制总平面物料图【评价】

<table>
<tr><td colspan="7">姓名：　　　　专业：　　　　班级：　　　　学号：</td></tr>
<tr><td colspan="3" rowspan="2">检测内容</td><td colspan="2">完成情况</td><td rowspan="2">标准分</td><td rowspan="2">评分</td></tr>
<tr><td>完成</td><td>未完成</td></tr>
<tr><td>知识自测</td><td colspan="2">1）铺装材料如何标注（10 分）
2）铺装的常用材料有哪些（5 分）
3）铺装的尺寸有哪几种（5 分）</td><td></td><td></td><td>20</td><td></td></tr>
<tr><td rowspan="2">作品评价</td><td>准备工作</td><td>1）是否会新建视口（5 分）
2）是否新建图层（5 分）</td><td></td><td></td><td>10</td><td></td></tr>
<tr><td>标注元素的材质、材料尺寸</td><td>1）铺装材料标注是否完整（20 分）
2）铺装材料标注是否正确（25 分）
3）铺装深化设计是否合理，是否有图案和纹样，是否具有艺术性（25 分）</td><td></td><td></td><td>70</td><td></td></tr>
<tr><td>同学互评记录</td><td colspan="6"></td></tr>
<tr><td>教师点评记录</td><td colspan="6"></td></tr>
</table>

职业能力 11　绘制铺装做法详图【评价】

姓名：　　　　　　专业：　　　　　　班级：　　　　　　学号：

<table>
<tr><td colspan="3" rowspan="2">检测内容</td><td colspan="2">完成情况</td><td rowspan="2">标准分</td><td rowspan="2">评分</td></tr>
<tr><td>完成</td><td>未完成</td></tr>
<tr><td>知识自测</td><td colspan="2">1）铺装包括哪些结构层（5 分）
2）铺装湿铺和干铺有哪些区别（5 分）
3）结合层有哪些材料（5 分）
4）铺装面层有哪些材料（5 分）</td><td></td><td></td><td>20</td><td></td></tr>
<tr><td rowspan="2">作品评价</td><td>绘制铺装平面图</td><td>1）铺装尺寸标注是否正确（15 分）
2）铺装材料选择是否正确（15 分）</td><td></td><td></td><td>30</td><td></td></tr>
<tr><td>绘制铺装剖面图</td><td>1）铺装剖面结构是否正确（20 分）
2）铺装每一层厚度是否合理（15 分）
3）铺装每一层材料是否正确（除去面层）（15 分）</td><td></td><td></td><td>50</td><td></td></tr>
<tr><td>同学互评记录</td><td colspan="6"></td></tr>
<tr><td>教师点评记录</td><td colspan="6"></td></tr>
</table>

职业能力 12　绘制水景做法详图【评价】

姓名：　　　　　专业：　　　　　班级：　　　　　学号：

检测内容			完成情况		标准分	评分
			完成	未完成		
知识自测	水池大概有哪几种类型（10 分） 水池施工图包括哪些图纸（10 分）				20	
作品评价	绘制水池平面图和立面图	1）是否正确表达平面位置，尺寸，与周边建筑、地上地下管线的距离（15 分） 2）标高是否完整（包括池底转折点、池底中心以及池底标高、进水口、排水口、溢水口等）（15 分） 3）是否标注立面高程，反应水池立面高程和变化（10 分）			40	
	绘制水池壁和池底剖面图	1）是否表达池岸、池底结构、表层（防护层）、防水层、基础做法（10 分） 2）是否表达池岸与山石、绿地、树木结合部的做法（10 分）			20	
	绘制水池给排水系统图	1）泵房、泵坑的结构是否正确（10 分） 2）给排水、电气管线布置是否正确（10 分）			20	
同学互评记录						
教师点评记录						

职业能力 13　绘制园林建筑做法详图【评价】

姓名：　　　　专业：　　　　班级：　　　　学号：

<table>
<tr><td colspan="3" rowspan="2">检测内容</td><td colspan="2">完成情况</td><td rowspan="2">标准分</td><td rowspan="2">评分</td></tr>
<tr><td>完成</td><td>未完成</td></tr>
<tr><td>知识自测</td><td colspan="2">1）园林建筑施工图大概包括哪些图纸（10 分）
2）建筑施工图一般选择多大的比例（10 分）</td><td></td><td></td><td>20</td><td></td></tr>
<tr><td rowspan="2">作品评价</td><td>绘制园林建筑的平立剖面图</td><td>1）园林建筑平立面尺寸、文字标注是否正确（10 分）
2）园林建筑剖面结构是否正确（20 分）
3）园林建筑施工图是否完整（10 分）</td><td></td><td></td><td>40</td><td></td></tr>
<tr><td>绘制节点大样图</td><td>1）节点大样结构是否合理、正确（20 分）
2）节点大样图比例是否正确（20 分）</td><td></td><td></td><td>40</td><td></td></tr>
<tr><td>同学互评记录</td><td colspan="6"></td></tr>
<tr><td>教师点评记录</td><td colspan="6"></td></tr>
</table>

职业能力 14　绘制庭院种植详图【评价】

姓名：　　　　专业：　　　　班级：　　　　学号：

<table>
<tr><th colspan="3" rowspan="2">检测内容</th><th colspan="2">完成情况</th><th rowspan="2">标准分</th><th rowspan="2">评分</th></tr>
<tr><th>完成</th><th>未完成</th></tr>
<tr><td>知识自测</td><td colspan="2">乔木应如何标注（10 分）
灌木和地被花卉如何标注（10 分）</td><td></td><td></td><td>20</td><td></td></tr>
<tr><td rowspan="3">作品评价</td><td>准备工作</td><td>1）是否会新建视口（5 分）
2）是否新建图层（5 分）</td><td></td><td></td><td>10</td><td></td></tr>
<tr><td>绘制植物种植苗木表</td><td>1）植物图例使用是否合适（15 分）
2）植物表格内容是否正确和完整（包括名称、规格、数量、种植密度等）（15 分）</td><td></td><td></td><td>30</td><td></td></tr>
<tr><td>绘制上木种植图</td><td>1）上木植物设计是否合理（20 分）
2）引线标注是否正确（引线绘制、标注格式等）（20 分）</td><td></td><td></td><td>40</td><td></td></tr>
<tr><td>同学互评记录</td><td colspan="6"></td></tr>
<tr><td>教师点评记录</td><td colspan="6"></td></tr>
</table>

职业能力 15　庭院施工图布局出图【评价】

姓名：　　　　专业：　　　　班级：　　　　学号：

检测内容		完成情况		标准分	评分
		完成	未完成		
知识自测	1）模型空间和布局空间的区别是什么（10 分） 2）写出布局出图步骤（10 分）			20	
作品评价	标准图框信息绘制是否完整（5 分）			5	
	布局设置是否正确（10 分）			10	
	视口绘制是否符合要求（5 分）			5	
	出图比例设置是否正确（10 分）			10	
	标注样式设置是否合理（20 分）			20	
	批量打印出图是否正确（30 分）			30	
同学互评记录					
教师点评记录					

庭院绿地设计【学习总评价】

工作任务	学习内容	权重 %	汇总分	实际得分	总分
4.1 庭院场地前期分析	基地资料记录与分析	5			
	业主信息的记录与分析	5			
4.2 庭院方案构思与推敲	庭院场地方案构思	5			
4.3 居住区绿地方案设计	绘制庭院总平面图	10			
	绘制庭院效果图	15			
4.4 居住区植物种植设计	编制庭院施工图图纸目录	5			
	绘制总平面索引图	2			
	绘制总平面定位图	3			
	绘制总平面图标高图	5			
	绘制总平面物料图	5			
	绘制铺装做法详图	5			
	绘制水景做法详图	5			
	绘制园林建筑做法详图	10			
	绘制庭院种植详图	10			
	庭院施工图布局详图	10			

5 项目五

公园规划设计

公园，城市的礼物

职业能力 1　基础资料和公园场地调研与分析【评价】

姓名：　　　　专业：　　　　班级：　　　　学号：

检测内容		完成情况		标准分	评分
		完成	未完成		
知识自测	1）公园现状调研的内容有哪些（5 分） 2）公园的类型有哪些（5 分） 3）公园基地资料记录与分析要点（10 分）			20	
准备设计底图	1）底图绘制正确，简洁易懂（10 分） 2）设计红线范围明确（5 分） 3）尺寸测量精准（15 分）			30	
拍摄现场照片及视频	1）场地全景照≥ 2 张（5 分） 2）局部节点照片≥ 10 张（10 分） 3）现有设施及大树照片≥ 5 张（5 分） 4）全景视频 1 个（5 分） 5）局部视频≥ 5 个（5 分）			30	
场地调查与分析	1）公园场地内部现状是否介绍清楚（5 分） 2）公园场地周边环境关系是否介绍清楚（5 分） 3）现状地形高差测量和记录是否正确（5 分） 4）现有植物及地面设施位置记录是否正确（5 分）			20	
同学互评记录					
教师点评记录					

职业能力 2　人文环境调查与分析【评价】

姓名：	专业：	班级：	学号：

检测内容		完成情况		标准分	评分
		完成	未完成		
知识自测	1）基地人文环境包含哪些内容（10 分） 2）调查基地人文环境的方法有哪些（10 分）			20	
网络调查	1）分析公园所在区域的历史人文特征（10 分） 2）掌握区域气候条件（5 分） 3）了解建筑环境特质（5 分）			20	
拍摄现场照片及视频	1）反映本地地域性文化的文字资料或传说等（5 分） 2）反映本地地域性文化的事物照片≥ 10 张（10 分） 3）局部视频≥ 5 个（5 分）			20	
问卷调查	1）调查问卷设计合理（10 分） 2）调查问卷有效收集率≥ 80%（10 分）			20	
资料整理	1）依据公园主题整合资料，提出主要设计问题（10 分） 2）具体结合场地的限制条件与发展潜力，发展生成设计概念（10 分）			20	
同学互评记录					
教师点评记录					

职业能力 3　区位与周边环境的分析【评价】

姓名：　　　　专业：　　　　班级：　　　　学号：

检测内容		完成情况		标准分	评分
		完成	未完成		
知识自测	1）阐述区位的含义及公园场地区位分析的主要内容（15 分） 2）调查基地区位的方法有哪些（15 分）			30	
周边交通流线	在卫星图上绘制出场地周边交通流线，城市主干道、车流流向、人流流向以及交通公共设施（公交站、地铁站等）的位置等（20 分）			20	
场地周边地块的用地性质	确认周边的地块的用地性质，明确服务对象和功能属性（20 分）			20	
绘制区位分析图	1）图面清晰干净（6 分） 2）颜色搭配和谐统一，主次色调明确（6 分） 3）图面表达全面，区位分析的各个要素需要完整表达（6 分） 4）山体、路网、建筑肌理，全面表达让图面完整耐看（6 分） 5）比例尺和指北针是一张图的必需品（6 分）			30	
同学互评记录					
教师点评记录					

职业能力 4　公园相关案例分析【评价】

姓名：　　　　　　专业：　　　　　　班级：　　　　　　学号：

检测内容		完成情况		标准分	评分
		完成	未完成		
知识自测	1）阐述方案分析的目的（10 分） 2）公园方案收集的途径有哪些（10 分） 3）公园案例分析的主要内容有哪些（10 分）			30	
明确公园性质、类型	解读公园规划设计任务书及前期资料明确公园性质、类型（10 分）			10	
案例收集	收集与公园性质、类型相似的公园绿地规划设计案例≥ 6 个（20 分）			20	
案例分析	1）明确不同案例分析的重点（8 分） 2）能从案例中了解项目前期的诉求（8 分） 3）能提取案例中设计概念亮点（8 分） 4）能从案例分析出公园平面生成方式（8 分） 5）能剖析案例具体空间营造（8 分）			40	
同学互评记录					
教师点评记录					

职业能力 5　公园规划设计方案推敲【评价】

姓名：　　　　　　　　专业：　　　　　　　　班级：　　　　　　　　学号：

检测内容		完成情况		标准分	评分
		完成	未完成		
知识自测	1）阐述公园草图方案构思步骤（15 分） 2）草图方案构思各阶段的设计内容有哪些（15 分）			30	
一草	1）项目认知环境（场地现状环境、周围环境、建筑环境）（5 分） 2）公园功能分区合理（5 分） 3）公园交通整体连贯、顺势畅通（10 分）			20	
二草	1）绘制公园各区具体的空间大小、形式及主要景点（10 分） 2）绘制出公园道路等级（一级道路、二级道路、三级道路）（10 分）			20	
三草	1) 在公园不同空间区融入前期调研提炼出来的设计元素（10 分） 2) 依据公园规划设计的相关规范绘制公园入口、各级道路、广场等要素的具体尺寸（15 分） 3) 绘制出植物空间关系（5 分）			30	
同学互评记录					
教师点评记录					

职业能力 6　绘制公园总平面图【评价】

姓名：　　　　　　专业：　　　　　　班级：　　　　　　学号：

检测内容		完成情况		标准分	评分
		完成	未完成		
知识自测	1）阐述公园方草图方案构思步骤（10 分） 2）简述公园总平面图包含哪些要素（10 分）			20	
公园总平面图 CAD 线稿绘制	1）设置绘图单位类型和精度的设置，创建新图层（5 分） 2）公园规划设计各要素的尺寸精确、竖向标高正确（15 分） 3）在绘制底图过程中，分好图层，不同的图层编辑名称（5 分） 4）植物空间营造符合各区景观特点（10 分） 5）将 CAD 总平图线稿导出 PDF 文件（5 分）			40	
细化彩色平面	1）整体色彩协调，重点区域突出（6 分） 2）层次内多外少，中心区域以景观各要素构建多层次的空间关系，而外侧绿地、树木少量层次来描绘（6 分） 3）外圈的明度明显低于内圈，从明暗对比角度让眼球聚焦中心（6 分） 4）水波纹、树木材质、铺装材质尽可能接近真实的基础上加以美化，材质比例接近真材质的比例（6 分） 5）植物空间营造与方案构思规划设计营造的空间相一致（6 分）			30	
标注	1）红线范围明确（4 分） 2）指北针或风玫瑰图正确（3 分） 3）比例尺正确（3 分）			10	
同学互评记录					
教师点评记录					

职业能力 7　绘制公园功能分区图【评价】

姓名：　　　　　　　专业：　　　　　　　班级：　　　　　　　学号：

检测内容		完成情况		标准分	评分
		完成	未完成		
知识自测	1）阐述公园规划工作中，分区规划的目的（15 分） 2）简述公园分区主要设置内容（20 分）			35	
功能分区合理	功能分区明确，符合公园性质及使用人群（15 分）			15	
CAD 中绘制	景观节点形式符合公园各功能分区特点（20 分）			20	
PS 绘制	1）各区块色彩区分明确（10 分） 2）文字说明内容表达清晰（10 分）			20	
PS 导出 JPG	图片清晰，内容完整（10 分）			10	
同学互评记录					
教师点评记录					

职业能力 8　绘制公园交通分析图及亮化分析图【评价】

姓名：　　　专业：　　　班级：　　　学号：

检测内容		完成情况		标准分	评分
		完成	未完成		
知识自测	1）公园交通、亮化的功能有哪些（20 分） 2）阐述公园道路的分级（5 分） 3）阐述各级园路的特点（10 分） 4）主园路的布局形式有哪些（5 分） 5）阐述公园夜景亮化设计的要求（10 分）			50	
准备工作	底图符合各分析图需求（10 分）			10	
交通分析图	1）园路线性流畅，不同等级园路颜色分明（15 分） 2、标注正确（5 分）			20	
亮化分析图	1）亮化分类清晰，不同类型灯具分明（15 分） 2）文字说明内容表达清楚（5 分）			20	
同学互评记录					
教师点评记录					

职业能力 9　制作公园地形及构筑物模型【评价】

姓名：　　　　专业：　　　　班级：　　　　学号：

检测内容		完成情况		标准分	评分
		完成	未完成		
知识自测	1）公园 SU 模型的功能有哪些（10 分） 2）阐述 SU 地形绘制要点（10 分）			20	
准备工作	去掉景观不相关的内容，只留下景观轮廓线和地形线，清理图层，清理断线短线，统一标高（10 分）			10	
封面	1）整个 CAD 图纸在 SU 里生成面域（5 分） 2）各面域相互独立（5 分）			10	
建立地形模型	1）地形完整，没有重叠面（10 分） 2）地形高度与平面图等高线设计高度相一致（10 分）			20	
建立公园构筑物模型	1）构筑物的造型与公园主题、性质相符（10 分） 2）构筑物尺度符合适宜（10 分）			20	
组合模型	1）模型能体现公园整体空间构造（10 分） 2）构筑物位置放置正确（10 分）			20	
同学互评记录					
教师点评记录					

职业能力 10　绘制公园鸟瞰图及效果图【评价】

姓名：　　　　专业：　　　　班级：　　　　学号：

检测内容		完成情况		标准分	评分
		完成	未完成		
知识自测	1）阐述效果图的主要功能（8 分） 2）SU 模型导入 LU 前需做哪些准备工作（5 分） 3）SU 模型导入 LU 时不显示物体的原因有哪些（7 分）			20	
准备工作	1）模型中的面均为正面（5 分） 2）SU 模型不同物体用不同材质色彩区分（10 分） 3）SU 模型处于原点（5 分）			20	
导入模型	SU 模型导入 LU 后完整显示（5 分）			5	
编辑材质	1）各景观要素材质与公园规划设计意向材质相符（5 分） 2）材质比例与实际尺度相符（5 分） 3）材质质感与实际相符（5 分）			15	
添加配景	1）植物空间营造符合规划设计方案空间（10 分） 2）植物层次丰富，景观效果好（10 分） 3）其他景观要素与规划设计方案的设计一致（10 分）			30	
导出图纸	1）每个视角保存一个相机（5 分） 2）同一类型的图导出尺寸一致（5 分）			10	
同学互评记录					
教师点评记录					

职业能力 11　绘制公园局部剖面图【评价】

姓名：　　　　专业：　　　　班级：　　　　学号：

检测内容		完成情况		标准分	评分
		完成	未完成		
知识自测	1）阐述剖面图的概念（10 分） 2）剖面图的功能有哪些？（10 分） 3）剖面图绘制要点有哪些？（10 分）			30	
选取	剖面图剖析区域地形变化丰富（10 分）			10	
截取对应区域公园模型截面	1）SU 模型剖面框绘制位置正确（20 分） 2）图片导出视角符合剖析要求（10 分）			30	
PS 后期处理	植物的绘制与公园规划设计剖面图相符（20 分）			20	
标注	1）标高正确（5 分） 2）文字表达明确（5 分）			10	
同学互评记录					
教师点评记录					

职业能力 12　公园景观要素设计意向分析【评价】

姓名：　　　　专业：　　　　班级：　　　　学号：

检测内容		完成情况		标准分	评分
		完成	未完成		
知识自测	1）阐述专项设计的概念（10 分） 2）植物配置的要点有哪些（10 分） 3）什么是园林景观小品（10 分） 4）园林景观小品的类型有哪些（10 分）			40	
植物配置设计	1）植物的种类适宜在公园基地所在城市种植、生长（15） 2）植物意向图与公园规划设计的植物空间、景观效果相符（10 分） 3）意向图清晰（5 分）			30	
标识系统设计	1）标识系统意向风格与公园性质、主题相符（10 分） 2）意向图清晰（5 分）			15	
服务设施设计	1）服务设施风格与公园性质、主题相符（10 分） 2）意向图清晰（5 分）			15	
同学互评记录					
教师点评记录					

职业能力 13　文本排版【评价】

姓名：　　　　专业：　　　　班级：　　　　学号：

检测内容		完成情况		标准分	评分
		完成	未完成		
知识自测	1）阐述公园方案文本排版的内容（5 分） 2）阐述公园方案文本排版的原则（5 分） 3）版面设计基础及技巧有哪些（5 分） 4）阐述版式设计规范的主要内容（5 分）			20	
准备工作	文字、图纸收集完整（5 分）			5	
建立版面	1）所有页面版式风格一致（5 分） 2）版式要素齐全，如图名、页码等（5 分） 3）各章节版心尺寸、分栏数符合章节性质及内容（5 分） 4）所有页面文本排式和栏间距一致（5 分）			20	
排版	1）版面整洁，主体突出（10 分） 2）内容完整，能完整地展现公园规划设计的全部内容（10 分）			20	
创建目录	1）目录章、节命名正确（2 分） 2）目录页码对应内容正确（3 分）			5	
封面	1）封面与公园方案文本风格一致（5 分） 2）封面简洁、阐述清晰，公园规划设计方案名称一目了然（5 分）			10	
调整和修改	1）段落样式符合版面整体布局（5 分） 2）不同页面上的图形以其页面的整体效果契合（5 分）			10	
印前准备	版面尺寸、出血、排版方向、图片类型和链接状态、颜色属性和专色、字体种类、属性正确（10 分）			10	
同学互评记录					
教师点评记录					

职业能力 14　制作公园植物种植苗木表【评价】

姓名：　　　　　专业：　　　　　班级：　　　　　学号：

检测内容		完成情况		标准分	评分
		完成	未完成		
知识自测	1）苗木表的主要内容有哪些（15 分） 2.）苗木表在施工图中有哪些作用（15 分）			30	
根据苗木表制作图块	1）苗木表的植物图例与植物种植平面图图例一致（15 分） 2）植物图例图块直径与植物实际尺寸相等（15 分）			30	
完成苗木表	1）苗木表内容齐全：编号、树种、规格、种植面积、种植密度、数量和备注（15 分） 2）苗木表规格等单位格式正确：冠幅（P）、高度（H）、地径（D）。单位都是厘米，地被按照平方米计算（10 分） 3）苗木表植物的数量统计正确（15 分）			40	
同学互评记录					
教师点评记录					

职业能力 15　绘制公园植物种植平面图【评价】

姓名：　　　　　　专业：　　　　　　班级：　　　　　　学号：

检测内容		完成情况		标准分	评分
		完成	未完成		
知识自测	1）植物种植施工图的作用有哪些（5 分） 2）阐述园林植物种植施工图的绘制内容及要求（15 分）			20	
准备工作	公园植物空间明确，造景主体清晰（15 分）			15	
绘制草灌线	1）草坪线、灌木线图层分明，线形流畅（10 分） 2）草坪线、灌木线的绘制符合公园规划设计方案的植物空间环境要求（10 分）			20	
绘制上木、下木层植物	1）现状保留植物表现清晰（10 分） 2）植物种植之后整体的空间形态疏密相间，开合有致（20 分）			30	
标注	1）引线标记出图块、地被的植物名称正确（10 分） 2）植物数据统计正确（5 分）			15	
同学互评记录					
教师点评记录					

公园规划设计【学习总评价】

工作任务	学习内容	权重 %	汇总分	实际得分	总分
5.1 公园场地前期分析	基地资料记录与分析	5			
	历史沿革、社会人文条件分析	5			
	区位分析与周边环境的分析	5			
5.2 公园方案构思与推敲	公园相关案例分析	5			
	方案推敲	5			
5.3 公园详细设计	绘制公园总平面图	10			
	绘制公园功能分区图	5			
	绘制公园交通分析图及亮化分析图	5			
	建公园地形及构筑物草图模型	15			
	绘制公园鸟瞰图及局部效果图	10			
	绘制公园局部剖面图	5			
	公园景观要素设计意向分析	5			
	文本排版	5			
5.4 公园植物种植设计	编制公园植物苗木表	5			
	绘制公园植物种植平面图	10			

6 项目六

美丽乡村规划设计

美丽乡村，陪伴式的规划，共建式的设计

职业能力 1　美丽乡村工作基础资料汇编【评价】

姓名：　　　　　专业：　　　　　班级：　　　　　学号：

检测内容		完成情况		标准分	评分
		完成	未完成		
知识自测	1）乡村、美丽乡村、乡村规划的概念（25 分） 2）《城乡用地分类与规划建设用地标准》中乡村建设用地分为几类？分别是哪些用地（25 分） 3）《江苏省美丽乡村建设示范指导标准》中乡村设施用地有哪些？请举例说明（25 分） 4）《江苏省特色田园乡村评价命名标准》中一票否决制包含的内容是哪些（25 分）			100	
同学互评记录					
教师点评记录					

职业能力 2　美丽乡村相关案例分析【评价】

姓名：　　　　专业：　　　　班级：　　　　学号：

检测内容		完成情况		标准分	评分
		完成	未完成		
知识自测	1）美丽乡村建设的影响因素有哪些（15 分） 2）美丽乡村建设与发展的机制框架包含哪些内容（15 分）			30	
美丽乡村案例分析对比表格绘制	1）案例报告图文并茂、内容详实、单个案例 800 ~ 1000 字，图片 4~6 张（35 分） 2）绘制表格，对不同地区美丽乡村基本概况、包含内容、推动力量、代表性事件等分析准确（35 分）			70	
同学互评记录					
教师点评记录					

职业能力 3　美丽乡村现状勘察调研【评价】

姓名：　　　　专业：　　　　班级：　　　　学号：

检测内容		完成情况		标准分	评分
		完成	未完成		
知识自测	1）美丽乡村勘察调研过程包含哪些内容（10 分） 2）美丽乡村勘察调研计划包含哪些内容（10 分） 3）美丽乡村勘察调研的方法有哪些（10 分）			30	
美丽乡村勘察调研	1）美丽乡村勘察照片在底图上的对照布点（10 分） 2）美丽乡村勘察问卷表的制作（20 分） 3）美丽乡村局部图纸的测绘（20 分） 4）美丽乡村调查报告的撰写（20 分）			70	
同学互评记录					
教师点评记录					

职业能力 4　美丽乡村的规划定位【评价】

姓名：　　　　　　专业：　　　　　　班级：　　　　　　学号：

检测内容		完成情况		标准分	评分
		完成	未完成		
知识自测	乡村职能的概念包含哪些内容（10 分） 乡村定位的概念包含哪些内容（10 分） 乡村主题定位有哪些（20 分）			40	
上位规划的解读	如何解读上位规划？上位规划中对该区域的总体思路和定位是什么（40 分）			40	
本项目的规划定位	梳理出本项目的规划定位（30 分）			30	
同学互评记录					
教师点评记录					

职业能力 5　美丽乡村的总体架构【评价】

姓名：　　　　　　　专业：　　　　　　　班级：　　　　　　　学号：

检测内容		完成情况		标准分	评分
		完成	未完成		
知识自测	1）规划结构的概念是什么（20 分） 2）规划思路包含哪些内容（10 分） 3）功能分区的概念是什么（10 分）			40	
绘制图纸	1）绘制点线面的表现形式（20 分） 2）绘制规划结构图（20 分） 3）绘制功能分区图（20 分）			60	
同学互评记录					
教师点评记录					

职业能力 6 美丽乡村的产业分析【评价】

姓名： 专业： 班级： 学号：

检测内容		完成情况		标准分	评分
		完成	未完成		
知识自测	1）乡村产业的分类包含哪些（10 分） 2）乡村产业发展规划的任务有哪些（10 分） 3）乡村产业发展规划的内容有哪些（10 分） 4）乡村产业发展规划的策略有哪些（10 分）			40	
绘制图纸	绘制产业布局图（60 分）			60	
同学互评记录					
教师点评记录					

职业能力 7　美丽乡村总平面图绘制【评价】

姓名：	专业：	班级：	学号：			
检测内容		完成情况		标准分	评分
		完成	未完成		
知识自测	1）阐述村庄居民点空间形态布局模式及特征（20 分） 2）居民点空间形态的构成要素是什么（20 分） 3）居民点空间形态的布局思想是什么（20 分）			60	
评价	1）绘制美丽乡村规划设计的 CAD 总平面图（15 分） 2）绘制美丽乡村规划设计的 PS 总平面图（20 分） 3）绘制美丽乡村规划设计的 PPT 总平面示意图（5 分）			40	
同学互评记录					
教师点评记录					

职业能力 8　道路交通规划设计【评价】

姓名：　　　　专业：　　　　班级：　　　　学号：

检测内容		完成情况		标准分	评分
		完成	未完成		
知识自测	1）阐述道路交通的分类（20 分） 2）阐述道路交通设计的设计要点是（20 分）			40	
绘图	1）绘制主干道、次干道、支路的断面示意图（15 分） 2）绘制静态交通停车场布局示意图（15 分） 3）绘制村庄道路交通规划设计图（30 分）			60	
同学互评记录					
教师点评记录					

职业能力 9　景观系统规划设计【评价】

姓名：　　　　　　专业：　　　　　　班级：　　　　　　学号：

检测内容		完成情况		标准分	评分
		完成	未完成		
知识自测	1）阐述景观规划设计的原则（20 分） 2）阐述景观规划设计的设计要点（20 分）			40	
绘图	绘制景观规划设计图（60 分）			60	
同学互评记录					
教师点评记录					

美丽乡村规划设计【项目学习总评价】

工作任务	学习内容	权重 %	汇总分	实际得分	总分
6.1 美丽乡村工作的前期分析	美丽乡村工作基础资料汇编	10			
	美丽乡村相关案例分析	10			
	美丽乡村现状勘查调研	10			
6.2 美丽乡村总体规划	美丽乡村的规划定位	10			
	美丽乡村的总体架构	10			
	美丽乡村的产业分析	10			
	美丽乡村总平面图绘制	20			
6.3 美丽乡村专项规划	道路交通规划设计	10			
	景观系统规划设计	10			